国家示范性高等职业院校建设规划教材

水 力 机 组

主　编　聂卫东

副主编　马素君　曹宁波

主　审　刘文章

U0364401

黄河水利出版社

·郑州·

内 容 提 要

本书是国家示范性高等职业院校建设规划教材,是为满足国家示范性高职院校四川电力职业技术学院重点建设项目水电站动力设备专业建设的需要,根据教育部水电站动力设备专业及专业群人才培养方案和水力机组课程标准的要求编写而成的。主要内容包括水电站概论、水力学基础、常见水轮机结构和工作原理、水轮机常见故障诊断及处理等。

本书可作为高等职业院校水电站动力设备专业的教材,也可作为从事水电站机组安装、检修和运行值班员的培训教材和参考书。

图书在版编目(CIP)数据

水力机组/聂卫东主编. —郑州:黄河水利出版社,
2018.5
国家示范性高等职业院校建设规划教材
ISBN 978 – 7 – 5509 – 2049 – 1

Ⅰ.①水…　Ⅱ.①聂…　Ⅲ.①水力机组 – 高等职业
教育 – 教材　Ⅳ.①TM312

中国版本图书馆 CIP 数据核字(2018)第 115033 号

组稿编辑:王路平　　电话:0371 – 66022212　　E-mail:hhslwlp@ 163. com

出 版 社:黄河水利出版社　　　　　　　　　　　　网址:www.yrcp.com
　　　　　地址:河南省郑州市顺河路黄委会综合楼 14 层　　邮政编码:450003
发行单位:黄河水利出版社
　　　　　发行部电话:0371 – 66026940、66020550、66028024、66022620(传真)
　　　　　E-mail:hhslcbs@ 126.com
承印单位:河南承创印务有限公司
开本:787 mm×1 092 mm　1/16
印张:14.25
字数:330 千字
版次:2018 年 5 月第 1 版　　　　　　　　　印次:2018 年 5 月第 1 次印刷
定价:36.00 元

前　言

　　本书是根据《教育部关于全面提高高等职业教育教学质量的若干意见》（教高〔2006〕16 号）、《教育部关于推进高等职业教育改革创新引领职业教育科学发展的若干意见》（教职成〔2011〕12 号）等文件精神，在全国水利水电高职教研会指导下，用中央财政安排的"支持高等职业学校专业建设"项目经费组织编写的教材。

　　本套教材以学生能力培养为主线，体现实用性、实践性和创新性的特色，是一套紧密联系生产实际的高职高专教育精品规划教材。

　　水力机组是水电站动力设备专业的主干课程。本书共分八章：第一章水电站概论、第二章水力学基础、第三章水轮机概述、第四章混流式水轮机、第五章轴流式水轮机、第六章其他型式水轮机、第七章水轮发电机、第八章水轮机常见故障诊断及处理。

　　本书由四川电力职业技术学院承担编写工作，编写人员及编写分工如下：第一章由李娜编写；第二章、第四章、第七章由曹宁波编写；第三章由聂卫东编写；第五章、第六章由马素君编写；第八章由练华英编写。本书由聂卫东担任主编并负责全书统稿，由马素君、曹宁波担任副主编，李娜、练华英参编，由刘文章担任主审。

　　本书在编写过程中得到了映秀湾电厂同行们的支持和帮助，在此谨向他们表示衷心的感谢！

　　由于编者水平有限，编写时间仓促，书中错误和遗漏在所难免，恳请广大读者批评指正，更欢迎同行及时提出修改意见和建议。

编　者

2018 年 3 月

目　录

第一章 水电站概论

第一节 世界水能资源开发概况

一百年来,特别是20世纪30年代以来,世界各国都很注重发展水电。在各国开发水电的初期,可以先选择技术经济条件最优越的目标,使效益更加显著。水电对各国国民经济起了积极的推动作用。许多工业化国家的早期发展,都曾得益于水电开发;有的国家至今仍以水电为国民经济的一大支柱。据统计,全世界可供开发的水电容量约为22亿kW,平均开发程度已达到25%以上。西方不少国家水能资源已接近开发完毕。世界常规水电装机容量最大的十个国家的情况(2012年)如表1-1所示。

表1-1 世界水电装机容量排名前10的国家开发情况

序号	国家名称	可开发水能（亿 kWh）	水电装机容量		发电量(亿 kWh)		开发率(%)
			万 kW	占比(%)	2010 年	2012 年	
1	中国 *	27 100	24 890	22.52	7 222	8 641	31.9
2	美国 *	5 285	9 990	9.04	3 226 *	2 793	61.0
3	巴西	13 000	8 420	7.62	4 033	4 176	32.1
4	加拿大 *	9 810	7 700	6.97	3 509	3 802	38.8
5	俄罗斯 *	16 700	4 760	4.31	1 790	1 670	10.7
6	日本 *	1 356	4 600	4.16	953 *	809	70.3
7	印度 *	6 600	4 320	3.91	1 316	1 157	19.9
8	挪威 *	2 000	3 030	2.74	1 179	1 429	71.5
9	瑞典 *	1 300	1 600	1.45	669	788	60.6
10	委内瑞拉	2 607	1 570	1.42	768	820	31.5

注:1. 装机容量资料来源:国际水电协会"2013 IHA HYDROPOWER REPORT"。表中国家名称后面带"＊"的表示该国水电装机总容量中包括抽水蓄能电站容量。

2. 水电发电量数据来源:BP"世界能源统计——水力发电"。

3. 开发率根据各国水电年发电量计算,数据后带"＊"的表示开发率用2012年以前的较大值计算。

在电能构成中,西方各国水电比重都比较大。20世纪60年代以来,水能资源开发逐渐下降。70年代以来,世界性的能源问题和环境问题日益尖锐,水电开发利用更加受到重视,即使是水力资源开发充分的国家,又重新研究过去认为不值得开发的资源。如美国调查了可供利用的4 000万kW的小水电以供开发;日本又一次进行了全国水力资源普查,查出 2 000 万 kW 资源。据估计,在今后 40 年内,全世界可开发的水力资源的 80% 都将得到开发,届时水能开发可达约 18 亿 kW。

在修建大型水电站的同时,中小型水电站将更快发展。由于对调峰容量增长的需要,抽水蓄能电站的发展很快。对原有水电站工程的扩建和改建,已成为一种趋势。潮汐发电受到更多的重视。

目前,世界上装机容量最大的水电站是我国的三峡水电站(2 250 万 kW),最大的抽水蓄能电站是美国的巴斯康蒂电站(210 万 kW),最大的潮汐电站是法国的朗斯电站(24 万 kW)。水头最高的电站是奥地利的赖斯采克蓄能电站(1 773 m)。最大的水轮发电机组是我国向家坝水电站的机组(80 万 kW)。混流式水轮机转轮最大的是我国三峡水电站的 10.4 m,轴流式水轮机转轮最大的是我国葛洲坝水电站的 11.3 m。

第二节　我国水电发展概况

我国的水能资源极其丰富。河流水能蕴藏量达 6.76 亿 kW,可能开发的达 3.78 亿 kW,占世界首位。可能开发的潮汐资源装机容量约 2 100 万 kW。

我国的水电开发具有优越的条件和独特的特点。首先,不但资源丰富,而且具有优良的地质条件,包括许多落差大而集中的峡谷地区,在规模上,大、中、小型资源具备,有很好的选择余地。水能资源在地理上分布不均衡,但正好绝大部分位于煤炭资源较少的南方。河流径流年内分配不均匀,需要建水库调节,而我国地少人多,淹没损失是重要问题。许多河流都有多目标治理要求,这既有利于水电开发,又增加了制约因素,要求统筹兼顾。某些地区地质条件不利,不少河流泥沙问题严重,需慎重处理解决。

一、水力资源分布

由于我国幅员辽阔,地形与雨量差异较大,因而形成水力资源在地域分布上的不平衡,其特点是西部水力资源比较丰富,而东部则较贫乏。按照技术可开发装机容量统计,我国西部云、贵、川、渝、陕、甘、宁、青、新、藏、桂、蒙等 12 个省(自治区、直辖市)的水力资源约占全国总量的 81.46%,特别是西南地区云、贵、川、渝、藏就占 66.70%;其次是中部的黑、吉、晋、豫、鄂、湘、皖、赣等 8 个省占 13.66%;而经济发达、用电负荷集中的东部辽、京、津、冀、鲁、苏、浙、沪、粤、闽、琼等 11 个省(直辖市)仅占 4.88%。我国的经济东部相对发达,西部相对落后,因此西部水力资源开发除西部电力市场自身需求外,还要考虑东部市场,实行水电的"西电东送"。

我国水力资源按流域规划了 13 个水电基地,它们分别是金沙江、雅鲁藏布江、大渡河、乌江、长江上游及清江、红水河、澜沧江、黄河上游、黄河中游、湖南、闽浙赣、东北、怒江。其总装机容量约占全国技术可开发量的 50.9%。特别是地处西部的金沙江中下游干流总装机规模 58 580 MW,长江上游干流 33 200 MW,长江上游的支流雅碧江、大渡河以及黄河上游、澜沧江、怒江的装机规模均超过 20 000 MW,乌江、南盘江红水河的装机规模均超过 10 000 MW。这些河流水力资源集中,有利于实现流域梯级滚动开发,有利于建成大型的水电基地,有利于充分发挥水力资源的规模效益。

二、水能资源开发现状

我国水电开发的历程始于20世纪20年代。1912年4月,总装机容量480 kW的云南石龙坝水电站的建成开创了我国水电开发的历史。近一个世纪的水电开发,使我国水电事业从小到大,从弱到强,走出了一段辉煌的发展历程。目前,超过百万千瓦已建和在建的大型水电站(不包括蓄能电站)已有25座。500 MW以上的大型水电站也超过了40座。在已投产的大型水电站中,总装机容量在1 000 MW以上的除三峡水电站和葛洲坝水电站外还有11座,见表1-2。总装机容量在500 MW以上的有8座,见表1-3。在建装机容量1 000 MW以上的水电站有8座,见表1-4。其中,溪洛渡电站成为中国第二大水电站,向家坝成为单机容量最大的电站。

表1-2　已投产1 000 MW以上水电站

电站名称	装机容量(MW)	电站名称	装机容量(MW)	电站名称	装机容量(MW)
溪洛渡	13 860	向家坝	7 750	丰满	1 002.5
隔河岩	1 200	五强溪	1 200	龙羊峡	1 280
岩滩	1 210	天生桥	1 200	漫湾	1 250
白山	1 700	水口	1 400		

表1-3　已投产500 MW以上水电站

电站名称	装机容量(MW)	电站名称	装机容量(MW)	电站名称	装机容量(MW)
丹江口	900	龚嘴	700	鲁布革	600
安康排沙洞	850	新安江	650	铜街子	600
安康	800	乌江渡	630		

表1-4　在建1 000 MW以上水电站

电站名称	装机容量(MW)	电站名称	装机容量(MW)	电站名称	装机容量(MW)
白鹤滩	16 000	锦屏一级	3 600	水布垭	1 600
乌东德	10 200	公白峡	3 300	三板溪	1 000
小湾	4 200	构皮滩	3 000		

除上述常规水电站外,我国抽水蓄能电站的建设也取得了很大的成就。据统计,到2014年底中国已建成24座抽水蓄能电站,总装机容量2 181万kW,占水电总装机比重约7.2%。2014年我国已投产抽水蓄能电站情况,见表1-5。

表 1-5   2014 年我国已投产抽水蓄能电站情况

序号	区域电网	投产规模(万 kW)
1	东北电网	150
2	华北电网	457
3	华东电网	606
4	华中电网	488
5	南方电网	480
合计		2 181

"十二五"期间,抽水蓄能电站核准开工规模呈明显增长趋势。"十二五"前四年,累计开工 11 座电站,总规模 1 460 万 kW。特别是 2014 年,核准开工抽水蓄能电站 5 座,规模 660 万 kW。从分布来看,"十二五"前四年开工的蓄能电站主要分布在华北、华东、华中和东北电网,南方电网相对较少。"十二五"前四年抽水蓄能电站开工情况,见表 1-6。

表 1-6   "十二五"前四年抽水蓄能电站开工情况

序号	区域电网	开工规模(万 kW)	装机容量(万 kW),开工年份
1	东北电网	260	荒沟(120,2012)、敦化(140,2012)
2	华北电网	480	丰宁一期(180,2012)、文登(180,2014)、沂蒙(120,2014)
3	华东电网	300	绩溪(180,2012)、金寨(120,2014)
4	华中电网	240	天池(120,2014)、蟠龙(120,2014)
5	南方电网	180	深圳(120,2011)、琼中(60,2013)
合计		1 460	

2014 年底,我国在建抽水蓄能电站共计 17 座,在建规模 2 114(万 kW),为历史新高,居世界首位。2014 年底在建抽水蓄能电站情况,见表 1-7。

表 1-7   2014 年底在建抽水蓄能电站情况

序号	区域电网	合计规模(万 kW)	所在省份	电站名称	装机规模(万 kW)
1	东北电网	260	黑龙江	荒沟	120
2			吉林	敦化	140
3	华北电网	570	内蒙古	呼和浩特	90
4			河北	丰宁一期	180
5			山东	文登	180
6			山东	沂蒙	120

续表1-7

序号	区域电网	合计规模(万 kW)	所在省份	电站名称	装机规模(万 kW)
7	华东电网	616	江苏	溧阳	150
8			安徽	拂子岭	16
9			浙江	仙居	150
10			安徽	绩溪	180
11			安徽	金寨	120
12	华中电网	360	江西	洪屏	120
13			河南	天池	120
14			重庆	蟠龙	120
15	南方电网	308	广东	清远	128
16			广东	深圳	120
17			海南	琼中	60
合计					2 114

三、水力资源开发规划

"十一五"(2006～2010 年)期间,中国正式开工建设拉西瓦(4 200 MW)等一批大型水电站,开工建设一大批中型水电站。经初步规划测算,截至 2010 年,全国水电装机容量达到 1.9 亿 kW,水力资源开发利用率为 35.8%。其中,东部地区开发总规模达到 0.27亿 kW,占全国的 15%,其开发程度达 90%,水力资源基本开发完毕;中部地区总规模为0.58 亿 kW,占全国的 30%,其开发程度达到 75%,开发条件相对较好的水电资源开发完毕;西部地区总规模为 1.05 亿 kW,占全国的 55%,其开发程度达到 24%,其中四川省、云南省的水电开发总规模分别为 0.32 亿 kW、0.21 亿 kW,开发程度分别为 27% 和 20%。四川省、云南省水电开发潜力较大。

"十二五"(2011～2015 年)期间,中国正式开工建设白鹤滩(12 000 MW)等大型水电站。截至 2015 年末,中国常规水电装机容量达到 2.71 亿 kW,全国水电资源开发利用率为 50%。

"十三五"(2016～2020 年)期间,中国将正式开工建设龙开口(1 800 MW)等大型水电站。截至 2020 年末,中国常规水电装机总容量将达到 3.28 亿 kW,全国水电资源开发利用率为 55.4%。其中,东部地区开发总规模达到 0.28 亿 kW,占全国的 9%,水力资源基本开发完毕;中部地区总规模为 0.70 亿 kW,占全国的 23%,水力资源开发基本完毕;西部地区总规模为 2.02 亿 kW,占全国的 68%,其开发程度达到 46%,其中四川、云南、贵州的水电开发总规模分别为 0.76 亿 kW、0.63 亿 kW、0.18 亿 kW,开发程度分别为63.3%、61.6% 和 33.7%。

2020 年后,中国除继续开发四川、云南和贵州等省的水力资源外,水电建设的重点将逐渐转向水电资源丰富的西藏和新疆,特别是西藏。根据西藏电力发展规划,2020 年西藏水电装机容量将达 2 100 MW,开发程度还很低(1.5%)。因此,从西藏自治区水力资源蕴藏量和 2020 年开发程度上看,西藏在中国未来能源资源开发中占有十分重要的战略地位。

根据目前已进行的前期工作成果,经初步统计,中国装机容量接近 3 000 MW 及以上的水电站共 29 座,有 2 座水电站(二滩、葛洲坝)已经建成,这些电站主要分布在雅鲁藏布江、金沙江等大江大河上,电站的基本特性见表 1-8。

表 1-8　主要特大型水电站特性

序号	电站名称	所在河流	装机容量 (MW)	年发电量 (亿 kWh)	最大水头 (m)	前期工作 深度
1	三峡	长江	22 500	899	113	已建
2	葛洲坝	长江	2 715	159	27	已建
3	阿尼桥	雅鲁藏布江	20 000	770	830	查勘
4	大渡卡	雅鲁藏布江	17 000	770	625	查勘
5	背崩	雅鲁藏布江	11 000	415	450	查勘
6	汗密	雅鲁藏布江	10 500	538	430	查勘
7	希让	雅鲁藏布江	3 300	167	90	查勘
8	索玉	雅鲁藏布江	2 800	144	350	查勘
9	八玉	雅鲁藏布江	2 600	134	320	查勘
10	白鹤滩	金沙江	14 000	641	289	在建
11	溪洛渡	金沙江	13 860	571.2		已建
12	乌东德	金沙江	10 200	389.3	163	在建
13	向家坝	金沙江	7 750	307.47		已建
14	两家人	金沙江	4 000	169	155	筹建
15	观音岩	金沙江	3 000	135	119	在建
16	锦屏二级	雅砻江	4 800	250	288	在建
17	锦屏一级	雅砻江	3 600	184		在建
18	二滩	雅砻江	3 300	199	189	已建
19	两河口	雅砻江	3 000	117	264	在建
20	糯扎渡	澜沧江	5 850	240	215	在建
21	小湾	澜沧江	4 200	195	251	在建

续表 1-8

序号	电站名称	所在河流	装机容量（MW）	年发电量（亿 kWh）	最大水头（m）	前期工作深度
22	松塔	怒江	3 600	159.6	265	筹建
23	马古	怒江	4 200	190	243	筹建
24	瀑布沟	大渡河	3 300	148		在建
25	大岗山	大渡河	2 600	114	157	在建
26	拉西瓦	黄河	4 200	102		在建
27	龙滩	红水河	5 400	187		已建
28	帕隆	帕隆藏布江	2 760	153	340	查勘
29	构皮滩	乌江	3 000	97		在建
	合计		201 035	8 713.57		

第三节　水力发电的基本原理

　　天然河流蕴藏着水能,而能量的大小取决于水体的重量和水流下落的高度。通常水流在重力作用下由高处流向低处,因克服流动阻力、冲蚀河床、挟带泥沙等,它所蕴含的能量被分散地消耗掉了。水力发电的任务,就是要集中利用这种被无益消耗掉的水能,即把河流从高处流向低处时的水能转变成电能。也就是说,人为地把携带巨大能源的水流输入到水轮机,使其推动水轮机旋转,继而带动发电机发电,这种发电方式称为水力发电。

　　图 1-1 是水力发电示意图。在水池 1 中的水体具有比较高的位能,当水体经过压力水管 2 流经安装在水电厂厂房 3 内的水轮机 4 时,水流将带动水轮机转轮旋转,此时水能转变为旋转的机械能,水轮机带动发电机 5 转动,这样旋转的机械能就转换成为电能。这就是水力发电的基本原理。水力发电厂就是为了完成上述能量的连续转换所建设的水工建筑物和安装的水轮发电设备及其附属设备的总体。

　　由图 1-1 可以看出水力发电的生产过程可分为四个阶段:

　　(1)集中能量阶段,即建坝将分散的水流和落差进行集中,形成水电厂集中的水体和发电用的水头(上下游水位落差 H);

　　(2)输入能量阶段,即利用渠道或管道将水以尽可能小的损失输送到水轮机;

　　(3)转换能量阶段,即水轮机将水能转换成旋转的机械能,水轮机驱动发电机将机械能转换成电能;

　　(4)输出能量阶段,即发电机产生的电能经变压、输电、配电环节供给各地用户。

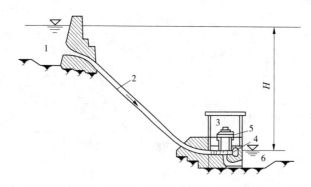

1—水池;2—压力水管;3—水电厂厂房;4—水轮机;5—发电机;6—尾水渠道

图1-1　水力发电示意图

第四节　水电站的典型布置形式

　　开发河流水能的水电站,按集中河段落差以形成水头的措施不同可分为坝式、引水式和混合式三种。

　　抽水蓄能电站和潮汐电站也是水电站的重要形式。

一、坝式水电厂

　　在河道上拦河建坝,通过坝集中河道分散的水流和分散的落差,形成水库,从而抬高水位,在坝的上游水位与下游河道水位之间形成水头。利用坝来形成水头的水电厂,叫作坝式水电厂。根据坝和水电厂厂房相对布置位置的不同,又分为坝后式和河床式两种。

(一)坝后式水电厂

　　厂房布置在拦河坝之后的水电厂,称为坝后式水电厂,如图1-2所示。在河流的中上游峡谷河段,允许一定程度的淹没,坝可以建得较高,以集中较大的水头(300 m以上)。由于上游水压力大,厂房本身的质量不足以抵抗水压并维持其稳定性,不得不把厂房与大坝分开,将厂房移到坝后,使上游水压力完全由大坝来承受。

　　坝后式布置的水电厂,不仅能获得较大水头,而且在坝前形成了可调节天然径流的水库,有利于发挥防洪、控制灌溉、发电、水产等多方面的综合效益,同时对水电厂的运行调度创造了十分有利的条件,是我国采用最多的一种厂房布置方式。如四川省二滩水电站就是坝后式水电厂,大坝是混凝土双曲拱坝,其坝高240 m,是我国现在最高的大坝。三峡水电站左右岸电站26台机组(总装机容量为22 500 MW),也是坝后式水电厂。

(二)河床式水电厂

　　厂房和坝一起建筑在河床上的水电厂,称为河床式水电厂,如图1-3所示。水头形成的水压力由坝和厂房共同承担,厂房是坝的一部分。河床式水电厂多建在平原地区河流中下游、河床纵向坡度较平缓的河段上。受地形限制,为避免造成大面积淹没,只能修建高度不大的坝(闸),适当提高上游水位。集中的水头,大中型水电厂一般不超过25～35 m;小型水电厂多为8～10 m。因水头不高,当单机容量较大时,厂房的尺寸也较大,厂房

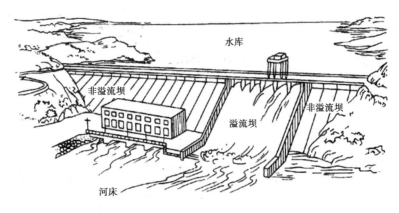

图1-2　坝后式水电厂

本身的质量足以承受上游的水压力,水电厂的厂房常直接和大坝并排建造在河床中,它的进水口、拦污栅、闸门及启闭机构等,与厂房连为一体,是拦水建筑物的一部分。河床式水电厂的引用流量一般都较大,多选用直径大、转速低的轴流式水轮发电机组,并排运行的机组台数较多,是一种低水头、大流量的水电厂。该类电厂的整个厂房长度大,可节省挡水建筑物的投资。葛洲坝水电厂是我国目前总装机容量最大的河床式水电厂,总装机容量为 2 715 MW。

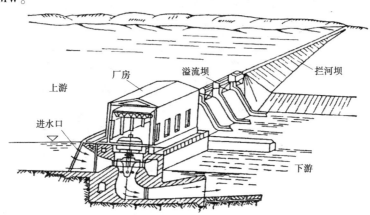

图1-3　河床式水电厂

二、引水式水电厂

地势险峻、水流湍急的河流中上游,或河道坡度较陡的河段上,可在河道上修建引水口(或低坝),用坡度较小的引水道将水引至河段下游,再通过压力水管将水引入厂房,在引水道的末端与河道下游水面之间形成水头而发电。这种利用引水道集中落差形成上、下游水头的水电厂,称为引水式水电厂,如图1-4所示。引水式水电厂分为无压引水式水电厂和有压引水式水电厂。

(一)无压引水式水电厂

从上游水库用引水明渠长距离引水,与下游水面形成水头,这种用无压水流引水产生

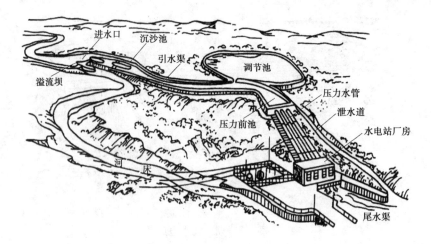

图1-4　引水式水电厂

水头的水电厂,称为无压引水式水电厂,如图1-5所示。引水渠2引水集中水头,只需在上游河段修筑引水口引取部分水流量;当需要引取大部分水流量或全部水流量时,才在河段上游修筑不高的壅水坝1。这种水电厂所形成的水头不高,总装机容量不大。

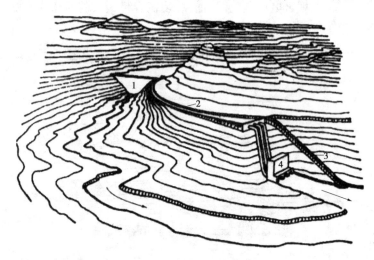

1—壅水坝;2—引水渠;3—溢水道;4—水电站厂房

图1-5　无压引水式水电厂布置示意图

(二)有压引水式水电厂

有压引水式水电厂如图1-6所示,从上游水库用压力隧洞长距离引水与下游水面形成水头,这种压力引水产生水头的水电厂,称为有压引水式水电厂。这种水电厂所形成的水头很高,如奥地利雷扎河水电厂的水头高达1 771 m,是世界上水头最高的水电厂。四川省太平驿水电厂引水压力隧洞长度达10 497 m,是我国引水隧洞最长的有压式水电厂。

引水式开发还具有很大的灵活性,不仅可以沿河引水,还可利用相邻两条河流的高差,进行跨河引水发电。如在我国川滇边界上,金沙江与以礼河高差达1 400 m,两河最近

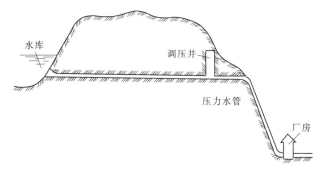

图1-6　有压引水式水电厂

点相距仅 12 km,因地制宜地采用了跨河引水发电方式。

三、混合式水电厂

由拦河坝和引水道共同集中落差而形成水头的水电厂,称为混合式水电厂,也就是坝式水电厂和引水式水电厂两种方式结合而成的水电厂,如图1-7 所示。如果自然河流的上游具有优良的库址建造水库,而紧接水库以下的河段坡度突然变陡,或是有较大的河湾,则往往可较经济地建坝集中部分水头,另设引水建筑物,由水库引水再次集中水头,从而使开发利用具有坝式和引水式两方面的特点。如湖北古夫河洞口水电站,面板堆石坝,坝高 120 m。又如湖南澧水贺龙水电站,混凝土拱坝,坝高 47.8 m。

1—水库;2—闸门室;3—进水口;4—拦河坝;5—溢洪道;
6—调压室;7—压力隧道;8—压力水管;9—电站厂房
图1-7　混合式水电厂

四、特殊水电厂

(一)抽水蓄能水电厂

抽水蓄能水电厂是一类特殊形式的水电厂。在电力系统中,它既是电源(发电厂),又是负荷(用电设备)。通常它并不单纯用天然水体的水能来发电,而是在时间上把电力系统内的电能进行重新分配,如图1-8所示。抽水蓄能水电厂一般利用特殊的方法,通过建造高、低两个水库形成一定水头。当系统电力负荷在低谷时,通常在夜间,利用系统电能把水从下水库抽至上水库中,以位能的形式将水能储存起来;当系统电力负荷处在高峰时,再从上水库引水发电,也就是利用上水库的水推动可逆式水轮机组反方向旋转,带动发电机运行,把上水库的水能转为电能。广州抽水蓄能电厂总装机容量为2 400 MW,是目前世界上最大的抽水蓄能水电厂。

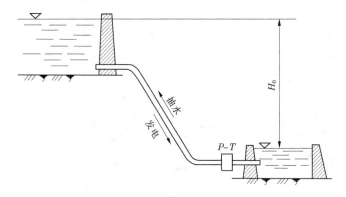

图1-8　抽水蓄能水电厂

(二)潮汐水电厂

如图1-9所示,潮汐水电厂是在海湾或大海的狭窄处修坝形成水库,利用海水涨潮和落潮所形成的水位差发电。目前,法国的朗斯潮汐电厂,总装机容量342 MW,是世界上最大的潮汐水电厂。

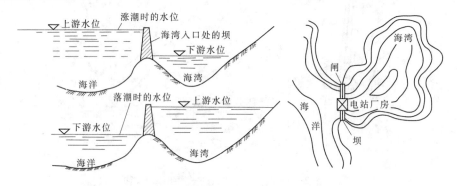

图1-9　潮汐水电厂

第五节　水电站的基本布置形式及组成建筑物

从上节介绍的水电站示例可见,水电站水利枢纽一般由下列7类建筑物组成:

(1)挡水建筑物:用以拦截河流、集中落差,形成水库,如坝、闸等。

(2)泄水建筑物:用以宣泄洪水,或放水供下游使用,或放水以降低水库水位,如溢洪道、泄洪隧洞、放水底孔等。

(3)水电站进水建筑物:用以按水电站的要求将水引入引水道,如有压或无压进水口。

(4)水电站引水及尾水建筑物:分别用以将发电用水自水库输送给水轮发电机组及把发电用过的水排入下游河道,引水式水电站的引水道还用来集中落差,形成水头。常见的建筑物为渠道、隧洞、管道等,也包括渡槽、涵洞、倒虹吸等交叉建筑物。

(5)水电站平水建筑物:用以平稳由于水电站负荷变化在引水或尾水建筑物中造成的流量及压力(水深)变化,如有压引水道中的调压室、无压引水道中的压力前池等。水电站的进水建筑物、引水和尾水建筑物以及平水建筑物统称为输水系统。

(6)发电、变电和配电建筑物:包括安装水轮发电机组及其控制、辅助设备的厂房,安装变压器的变压器场及安装高压配电装置的高压开关站。它们常集中在一起,统称为厂房枢纽。

(7)其他建筑物:如过船、过木、过鱼、拦沙、冲沙等建筑物。

第二章 水力学基础

第一节 液体的基本特征和主要物理力学性质

一、液体的基本特征

水力学是应用力学的一部分,水力学的任务是根据物理和力学的一些基本规律,应用试验和分析的方法,研究液体的平衡和运动的规律,并应用这些规律来解决水利工程实际问题。

水力学研究的对象是液体。液体和固体的主要区别在于:固体有一定的形状,而液体却没有固定的形状,很容易流动,它的形状随容器而异,因为液体几乎不能承受拉力和剪切力。液体能保持一定的体积,能承受压力。液体压缩的可能性很小,在很大的压力作用下,其体积缩小甚微。所以,液体的基本特征是易流动性和不易压缩性。

从物理学可知,液体是由运动着的分子组成的,分子与分子之间是有间隙的。而水力学研究的是液体的宏观运动,把液体质点作为最小的研究对象,液体质点是由无数一个挨着一个的液体分子所组成的,有质量但没有大小的液体微团。我们把液体看成是连续充满所占空间而毫无间隙的、由无数液体质点所组成的一种连续体,且是均质和各向同性的一种连续介质。

二、液体的主要物理力学性质

液体的主要物理力学性质有惯性、万有引力特性、黏滞性、压缩性和表面张力特性。

(一)惯性、质量和密度

惯性是物体要保持其原有运动状态的特性。惯性的大小用质量来度量,液体的质量越大,惯性也越大。当液体受其他物体的作用力而改变运动状态时,液体反抗改变原有运动状态而作用于其他物体上的反作用力称为惯性力。根据牛顿第二运动定律,若液体的质量为 m ,加速度为 a ,则惯性力 F 为

$$F = -ma \tag{2-1}$$

式中,负号表示惯性力的方向与加速度的方向相反。

国际单位制规定,质量的单位用千克(kg),长度的单位用米(m),时间的单位用秒(s),以上 3 个单位为基本物理量单位。而力的单位为牛顿(N),是诱导单位。1 N 的力定义为:在 1 N 的力的作用下,质量为 1 kg 的物体得到 1 m/s^2 的加速度,即 1 N = 1 kg · m/s^2。

液体单位体积内所具有的质量称为密度,用 ρ 表示。若有一均质液体,质量为 m ,体

积为 V,则其密度可表示为

$$\rho = \frac{m}{V} \tag{2-2}$$

国际单位制中,密度的单位为千克/米^3(kg/m^3)。严格地讲,液体的密度随着温度和压强的变化而变化。对于水,温度为 4 ℃时,在一个大气压下的密度 $\rho = 1\,000$ kg/m^3。水银的密度 $\rho = 13\,600$ kg/m^3。

(二)重力和容重

地球对其周围的液体的吸引力称为液体所受的重力,用 G 表示,国际单位制中,重力的单位为牛顿(N)。质量为 m 的液体,其所受的重力为

$$G = mg \tag{2-3}$$

单位体积的液体所具有的重力称为容重,用 γ 表示。若有一均质液体,重力为 G,体积为 V,则其容重可表示为

$$\gamma = \frac{G}{V} \tag{2-4}$$

由前面的公式可以得出

$$\gamma = \rho g \quad \text{或} \quad \rho = \frac{\gamma}{g} \tag{2-5}$$

国际单位制中,容重的单位为牛顿/米^3(N/m^3)。水的容重一般取 $\gamma = 9.8$ kN/m^3。

(三)黏滞性

液体运动时,液体质点之间存在着相对运动,则质点之间就会产生一种内摩擦力来阻碍其相对运动,这种性质称为液体的黏滞性。液体各层之间发生相对运动时产生的内摩擦力称为黏滞力。因此,黏滞性只在水流发生相对运动时才起作用,静止不动的液体黏滞性是表现不出来的。

黏滞作用也发生在液体和固体做相对运动时。例如,当水在渠道中流动时,由于边界对水的黏滞作用,接触边界的第一层水就附着在固体边界上,第一层不流动的水通过水的黏滞作用影响第二层水的流速,第二层水又由于黏滞作用影响第三层水的流速……这种影响逐渐减小,随着与固体边界距离的增加,流速逐层增大,直到固体边界的影响消失,流速达到最大。

由于运动着的液体内部存在着黏滞力,于是液体在运动过程中就会为克服内摩擦力而不断地消耗能量。所以,黏滞性是产生液体能量消耗的根源。为了研究问题的方便,常常把液体看成是没有黏滞性的理想液体。

(四)压缩性和弹性

液体受压后体积减小的性质称为压缩性。而除去外力作用后液体的体积又恢复原状的性质称为弹性。水有很大的抗压力,在相当大的压力作用下,体积的变化是微小的,在一般工程中常将它忽略,认为液体是不可压缩的,但在有些情况(如研究水击时)下是不可忽略的。

(五)表面张力特性

液体自由表面由于液体分子及空气之间的引力不平衡,能承受微弱拉力的性质称为

表面张力特性。通常表面张力数值很小,仅在水的表面为曲率很大的曲面时,表面张力才产生显著的影响。例如,一根细玻璃管插入静水中,管中的水面将高于静水面,这便是受了表面张力的影响。

三、作用于液体的力

处于平衡或运动状态的液体,都受到各种力的作用,这些力按物理性质可分为惯性力、重力、黏滞力、弹性力和表面张力等。为便于分析液体的平衡和运动规律,又按这些力的表现形式分为面积力和质量力两大类。

面积力是指作用于液体的某一面积上,并与受力面积成比例的力,如边界对液体的作用力;质量力是指作用在液体的每一个质点上,其大小与液体质量成比例的力,如惯性力、重力等。

【例2-1】 在一个标准大气压下,水和水银的容重分别为 $\gamma_水 = 9\,800\,\text{N/m}^3$, $\gamma_{水银} = 133\,280\,\text{N/m}^3$。试求两种液体的密度各为多少?

解:水的密度　　　　$\rho_水 = \dfrac{\gamma_水}{g} = \dfrac{9\,800}{9.8} = 1\,000(\text{kg/m}^3)$

水银的密度　　　　$\rho_{水银} = \dfrac{\gamma_{水银}}{g} = \dfrac{133\,280}{9.8} = 13\,600(\text{kg/m}^3)$

【例2-2】 一直径 $d = 0.5\,\text{m}$,高 $h = 1.5\,\text{m}$,重 $G_1 = 0.2\,\text{kN}$ 的圆柱形容器,盛满液体后重 $G_2 = 2.22\,\text{kN}$。试求液体的容重和密度各为多少?

解:液体的容重

$$\gamma = \frac{G}{V} = \frac{G_2 - G_1}{\frac{\pi}{4}d^2 h} = \frac{2.22 - 0.2}{0.785 \times 0.5^2 \times 1.5} = 6.86(\text{kN/m}^3)$$

液体的密度

$$\rho = \frac{\gamma}{g} = \frac{6.86 \times 10^3}{9.8} = 700(\text{kg/m}^3)$$

第二节　水静力学基础

一、静水压强

(一)静水压强及其特性

静水压强基本特性如图2-1所示。若静水中有一受压面面积为 A,作用在面积 A 上的静水压力为 P,则受压面单位面积上所受的静水压力称为平均静水压强,用 p 表示,即

$$p = \frac{P}{A} \tag{2-6}$$

静水压强有两个重要特性:
(1)静水压强的方向垂直并指向作用面(受压面)。
不论容器或建筑物侧面及底面是什么方向,静水压强的方向总与受压面垂直,而且只

能是压力,不是拉力。

(2)液体中任意一点各方向的静水压强大小都相等,与它所在作用面的方位无关。

(二)绝对压强、相对压强、真空压强

地球表面大气所产生的压强称为大气压强。各地海拔不同,大气压强也有差异。

工程上把大气压强视作常数,采用 98 kPa 作为大气压强值,称为工程大气压,用 p_a 表示,即 $p_a = 98$ kPa。

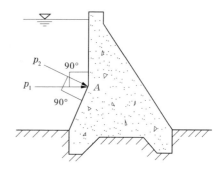

图 2-1　静水压强基本特性

1. 绝对压强

以设想没有气体存在的完全真空(绝对真空)作为零点计量的压强,称为绝对压强,一般用 p' 表示。

2. 相对压强

凡是不把大气压强计算在内,或者说以一个大气压作为计量压强的零点而量得的压强,称为相对压强,用 p 表示。相对压强和绝对压强的关系为

$$p = p' - p_a \qquad (2-7)$$
$$p' = p + p_a \qquad (2-8)$$

生产实践中应用的压力表,放在大气中其指针一般是指着零的,所以用压力表测得的压强都是相对压强。相对压强又称为表压强或计示压强。

3. 真空及真空压强

生产实践中有时会遇到液体(包括静止的和运动的)某处绝对压强小于大气压强的情况,这时就称发生了真空。真空程度的大小通常用真空压强来度量,绝对压强 p' 比大气压强 p_a 小的数值称为真空压强,又称为真空度,用 p_v 表示,即

$$p_v = p_a - p' \qquad (2-9)$$

真空压强 p_v、绝对压强 p' 和相对压强 p 三者的关系(见图 2-2)为

$$p_v = p_a - p' = -(p' - p_a) = -p \qquad (2-10)$$

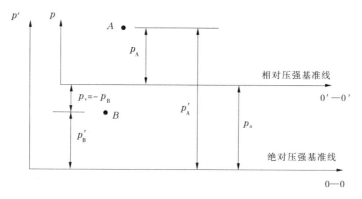

图 2-2　真空压强 p_v、绝对压强 p' 和相对压强 p 三者的关系图

(三)压强单位

1. 用应力单位表示

压强单位用单位面积上受力的大小即应力单位来表示,国际单位制中,其单位为 Pa、kPa,压强单位为千克力每平方厘米(kgf/cm^2)、tf/m^2。

2. 用工程大气压 p_a 表示

$$p_a = 98 \text{ kPa} = 1 \text{ kgf/cm}^2 = 10 \text{ tf/m}^2$$

3. 用液柱高度表示

1 个工程大气压相当于水柱的高度为

$$h = \frac{p_a}{\gamma} = \frac{98}{9.8} = 10(\text{mH}_2\text{O})$$

1 个工程大气压相当于水银柱的高度为

$$h = \frac{p_a}{\gamma_{水银}} = \frac{98}{9.8 \times 13.6} = 0.736(\text{mHg}) = 736 \text{ mmHg}$$

真空压强用水柱高度表示,称为真空高度,用 h_v 表示为

$$h_v = \frac{p_v}{\gamma} = \frac{p_a - p'}{\gamma} \tag{2-11}$$

二、重力作用下的液体平衡和等压面

(一)水静力学基本方程

$$p = p_0 + \gamma h \tag{2-12}$$

上式就是水静力学基本方程(见图 2-3)。它表明,质量力仅有重力作用下,静止液体中任一点的压强由两部分组成:一是从液面传至该点的表面压强 p_0;二是以单位面积为底,以该点在液面下的深度 h 为高的液柱重量。若 p_0 不变,则静水压强只随该点在液面下的深度 h 而变化,水深越深,压强越大。所以,上式给出了静止液体的压强分布规律。

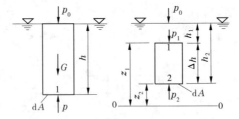

图 2-3 水静力学基本方程

水静力学基本方程还有另外两种表达形式。如图 2-4 所示,在静止液体的液面下,取水深分别为 h_1 和 h_2 的点 1 和点 2,有

$$p_2 = p_1 + \gamma \Delta h \tag{2-13}$$

静止液体中两点的压强差等于以单位面积为底,以两点的水深差 Δh 为高的液柱重量。若取任意水平面 0—0 为基准面,把点 1 和点 2 在静止液体中的位置,用基准面以上的位置高度 z_1 和 z_2 表示:

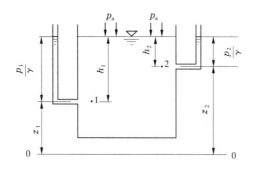

图2-4　水静力学基本方程其他形式

$$z_1 + \frac{p_1}{\gamma} = z_2 + \frac{p_2}{\gamma} \tag{2-14}$$

$$z + \frac{p}{\gamma} = c(\text{常数}) \tag{2-15}$$

式中　z_1,z_2——点1和点2的位置高度,m;

　　　γ——液体的容重,N/m³或kN/m³;

　　　$\frac{p_1}{\gamma},\frac{p_2}{\gamma}$——用液体高度表示点1和点2的压强,m。

上式表明了静水压强的分布规律,静止液体中,位置高度 z 越大,静水压强越小;z 越小,静水压强越大。

（二）等压面

静止液体中静水压强相等的各点所组成的面,称为等压面,如图2-5所示。

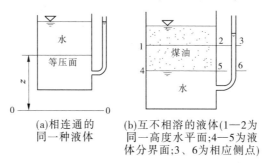

(a)相连通的　　　(b)互不相溶的液体(1—2为
同一种液体　　　同一高度水平面;4—5为液
　　　　　　　　体分界面;3、6为相应侧点)

图2-5　等压面

等压面的判别方法:①互相连通的同一种静止液体,其水平面都是等压面。②互不相溶的两种液体,其分界面为等压面。③液体与气体的分界面为等压面。

等压面的性质,即等压面必与质量力合力的方向垂直。

（三）静水压强基本方程的意义

z 表示该点到基准面的位置高度;$\frac{p}{\gamma}$ 表示该点压强的液柱高度,又称测压管高度。在水力学中常用"水头"代表高度,所以 z 又称为位置水头,$\frac{p}{\gamma}$ 又称为压强水头,而 $z + \frac{p}{\gamma}$ 则称为测压管水头。

静水压强基本方程的几何意义:处于静止状态的液体内各点的测压管水头线为一水平线。连接测压管液面而成的线称为测压管水头线。

设质量为 m 的液体质点,距 0—0 基准面的高度为 z,则由物理学可知:该质点具有的位置势能(简称位能)为 mgz。该质点在压强 p 的作用下,还会沿测压管上升一个高度 $\dfrac{p}{\gamma}$ 才静止下来,这说明该质点不仅具有位能,而且还具有压强势能(简称压能)。质量为 m、压强为 p 的质点具有的压能为 $mg\dfrac{p}{\gamma}$。

单位重量液体所具有的势能称为单位势能,故静水压强基本方程的物理意义是:在重力作用下的静止液体中,对同一基准面,各点的单位势能为一常数。

三、静水压强的测量方法

在工程实践中,经常需要直接测量水流中某处的压强。如为了确保水力发电厂主、辅设备的正常运转,在管路上装有大量的测量仪器,以便随时观测压强的大小和变化。

测量压强的仪器一般有液柱式测压计和金属测压计两种。

(一)液柱式测压计

液柱式测压计是应用静水压强基本方程和等压面的原理制成的测压仪器,它具有结构简单、测量精确度高、价格低、可自制等优点。

1. 测压管

测压管是一种最简单的测压计,它是一根直径大于 10 mm,两端开口的竖直的或倾斜的玻璃管,一端接容器或管道上的测点,另一端和大气相通,如图 2-6 所示。测压时,在压强 p_a 的作用下,测压管内液柱上升的垂直高度 h 就表示该点相对压强大小,即

$$p = \gamma h \tag{2-16}$$

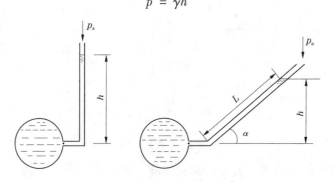

图 2-6　测压管

测压管通常用来测较小的压强。为了提高测量精度,可把测压管倾斜放置,从而加大标尺读数。由于压强水头是以铅直高度 h 表示的,因此随着倾斜角度 α 的改变,读数放大倍数也不同,当标尺读数为 L 时,相对压强为

$$p = \gamma L \sin\alpha \tag{2-17}$$

也可采用在测压管内放轻质而又和被测液体不混掺的液体,这样,在量测相同压强时,可得较大的液体高度 h,从而减小读数不准引起的误差。

2.U 形水银测压计

当测点压强较大时,如仍用测压管量测,则所需测压管很长,观测使用上很不方便,这时可改用 U 形水银测压计。在 U 形管内装水银,也可用容重较大又不与被测液体混合的其他液体,如图 2-7 所示。

测压时,将 U 形管的一端与被测点连接,另一端与大气相通,在静水压强作用下,U 形管左支的水银面下降,右支的水银面上升,根据等压面概念,水银与被测液体的分界面 1—2 为等压面,即

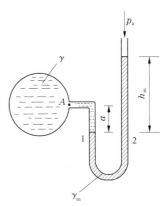

$$p_1 = p_2$$

1 点相对压强　$p_1 = p_a + \gamma a$

2 点相对压强　$p_2 = \gamma_m h_m$

$$p_a + \gamma a = \gamma_m h_m$$

由上式可得:$p_a = \gamma_m h_m - \gamma a$ 　　　(2-18)

式中　γ_m——水银容重;

　　　γ——被测液体容重。

图 2-7　U 形水银测压计

(二)金属测压计

金属测压计是利用各种不同的弹性元件制成的测量仪器。弹性元件在被测压强作用下产生弹性变形,再通过表内传动机构指示出压强的数值,这类仪表结构简单,测压范围广,并具有足够的精确度等。

【例 2-3】 已知水库表面压强为大气压强,取 $p_a = 98$ kPa,试求水库中深度为 15 m 处的静水压强;若不计大气压强影响,该点大气压强又为多少?

解:计大气压强时　　　$p = p_0 + \gamma h = 98 + 9.8 \times 15 = 245(kPa)$

不计大气压强时　　　$p = \gamma h = 9.8 \times 15 = 147(kPa)$

【例 2-4】 已知一封闭水箱,如图 2-8 所示,水面上气体的绝对压强 $p_0 = 85$ kPa,试求水面下深度为 1 m 处的绝对压强、相对压强和真空压强。

解:绝对压强

$$p_{绝} = p_0 + \gamma h = 85 + 9.8 \times 1 = 94.8(kPa)$$

相对压强

$$p_{相} = p_{绝} - p_a = 94.8 - 98 = -3.2(kPa)$$

真空压强

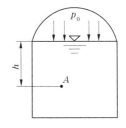

图 2-8　封闭水箱

$$p_{真} = p_a - p_{绝} = 98 - 94.8 = 3.2(kPa)$$

【例 2-5】 如图 2-9 所示,两个盛水容器,其中测压管的液面分别高于和低于容器中液面 $h = 1.0$ m,试求两种情况下的液面压强 p_0。

解:按题意求的是液面的相对压强。

(1)由连通器原理可知:$p_0 = p_A$,$p_A = \gamma_水 h$

所以 $p_0 = \gamma_水 h = 9.8 \times 1 = 9.8(kPa)$

(2)由连通器原理可知:$p_B = 0$

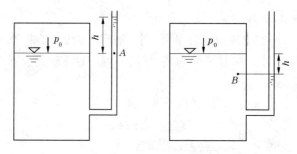

图 2-9　盛水容器

而

$$p_B = p_0 + \gamma_{水} h$$

所以

$$p_0 = p_B - \gamma_{水} h = 0 - 9.8 \times 1 = -9.8(\text{kPa})$$

【例 2-6】　已知一液体澄清池，其直径 $d = 0.5$ m，池壁装有玻璃管，如图 2-10 所示。测得油水分界面、油面和水面的高程分别为 $\nabla_1 = 0.4$ m，$\nabla_2 = 1.6$ m，$\nabla_3 = 1.4$ m。不考虑大气压强作用，试求油的容重和油的重量。

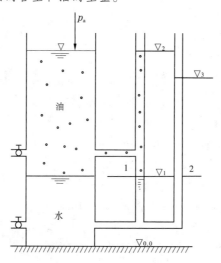

图 2-10　液体澄清池

解：设油的容重为 γ_1。因油与水的分界面为等压面，1 点和 2 点的压强应相等，即

$$p_1 = p_2$$

1 点的压强为：

$$p_1 = \gamma_1 (\nabla_2 - \nabla_1) = \gamma_1 (1.6 - 0.4) = 1.2\gamma_1$$

2 点的压强为：

$$p_2 = \gamma (\nabla_3 - \nabla_1) = 9.8 \times (1.4 - 0.4) = 9.8(\text{kPa})$$

则

$$1.2\gamma_1 = 9.8$$

所以，油的容重为：

$$\gamma_1 = \frac{9.8}{1.2} = 8.17(\text{kN/m}^3)$$

池内油的体积为：

$$V = \frac{\pi}{4} d^2 (\nabla_2 - \nabla_1) = \frac{1}{4} \times 3.14 \times 0.5^2 \times (1.6 - 0.4) = 0.236(\text{m}^3)$$

则油的重量为: $G = \gamma_1 V = 8.17 \times 0.236 = 1.93 (\text{kN})$

【例2-7】 已知一开口水箱,自由表面与大气接触,在水箱侧壁上钻孔,连接一根一端开口、一端封闭的细管,如图2-11所示。今用抽气机将管中气体抽出,试求管中水面高出水箱水面的最大高度(最大真空高度)。

解:因水箱与水管内盛的是同一种静止液体,故水箱自由表面上任一点 A 与水管内同一高程点 B 位于同一等压面上,即

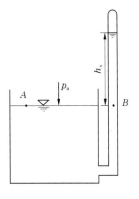

$$p_A = p_B$$

而

$$p_A = p_a$$

$$p_B = p_0 + \gamma h_v$$

则

$$p_a = p_0 + \gamma h_v$$

$$h_v = \frac{p_a - p_0}{\gamma}$$

要使 h_v 最大,必须使 $p_0 = 0$。

图2-11 水箱

$$h_{v\max} = \frac{p_a - p_0}{\gamma} = \frac{98}{9.8} = 10 (\text{mH}_2\text{O})$$

【例2-8】 如图2-12所示,引水管道中心 A 处的相对压强为0.8个工程大气压,若装测压管,至少需要多长的玻璃管? 若改装成 U 形水银测压计,水银高度 h_p 为多少米? 已知 $h' = 0.2$ m。

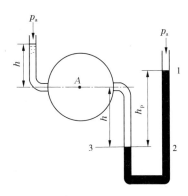

图2-12 U 形水银测压计

解:(1)按题意测压管的长度应等于 A 点相对压强可产生的水柱高度,即

$$h = \frac{p_A}{\gamma_{水}} = \frac{98 \times 0.8}{9.8} = 8 (\text{m})$$

(2)按题意可知:

$$p_1 = p_a = 0$$

$$p_2 = p_1 + \gamma_{汞} h_p = \gamma_{汞} h_p$$

根据连通器原理可知:

$$p_2 = p_3$$

$$p_3 = p_A + \gamma_{水} h'$$

所以

$$\gamma_{汞} h_p = p_A + \gamma_{水} h'$$

$$133.3 h_p = 98 \times 0.8 + 9.8 \times 0.2$$

得 $h_p = 0.61$ m

四、作用在平面壁上的静水总压力

在工程实践中,不仅需要知道静水压强及其分布规律,而且还要根据这一规律来确定作用在整个受压面上的静水总压力。

(一)静水压强分布图

静水压强分布图又称压力图。将各点压强大小用一定长度成比例的线段表示,压强方向用箭头代表,将其绘在受压面上,然后将箭杆尾端联结起来,就得到压强分布图。绘制实例如图 2-13 所示。

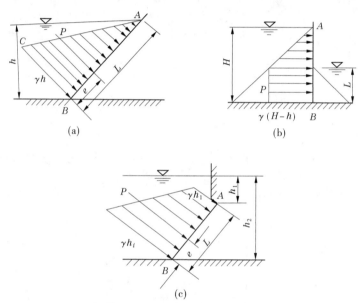

图 2-13   静水压强分布图绘制实例

(二)用图解法求矩形平面上的静水总压力

1. 总压力大小

静水压强分布图的面积,相当于分布在受压面上一个单位宽度上静水压力的总和,可以做出推论:作用在受压面上的全部静水总压力,就等于受压面宽度与压强分布图面积之积,即

$$P = Sb \tag{2-19}$$

式中 P——静水总压力;

S——压强分布图的面积;

b——受压面的宽度。

2. 总压力的作用方向

由于各点压强都垂直指向受压平面,故静水总压力 P 的方向必定垂直指向受压面。

3. 总压力的作用点

总压力的作用线与受压面的交点即总压力作用点,称为压力中心,以 D 表示。由于矩形受压面有纵向对称轴,故总压力作用点 D 必位于对称轴 0—0 上,当压强分布图为三角形时,压力中心 D 离闸门底部的距离为 $e = \frac{1}{3}L$。

如果压强分布图为梯形,可以将其分解为一个矩形和一个三角形,然后用合力矩定理求出总压力作用点的位置。

【例2-9】 已知一平板闸门,门宽 $b = 6$ m,门前挡水深 $h = 3$ m,求闸门斜置 $60°$ 时所受的静水总压力。

解: 闸门斜置 $60°$ 时,绘出静水压强分布图如图2-13(a)所示,作用在闸门上的静水总压力为:

$$P = Sb = \frac{1}{2}\gamma h L b = \frac{1}{2} \times 9.8 \times 3 \times \frac{3}{\sin 60°} \times 6 = 305.5(\text{kN})$$

压力中心距闸门底部的距离为: $e = \frac{L}{3} = \frac{h}{3\sin 60°} = \frac{3}{3\sin 60°} = 1.15(\text{m})$

【例2-10】 一矩形底孔平板闸门,如图2-14所示,闸门高 $h = 3$ m,闸门宽 $b = 2$ m,上游水深 $h_1 = 6$ m,下游水深 $h_2 = 4$ m,求闸门所受的静水总压力。

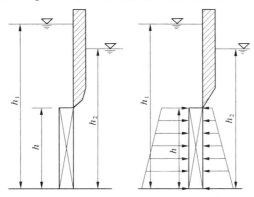

图2-14 底孔平面闸门及压强分布图

解: 矩形闸门在左侧水的作用下产生一个上底为 $\gamma_{水}(h_1 - h)$,下底为 $\gamma_{水}h_1$,高为 h 的梯形静水压强分布图。

矩形闸门在右侧水的作用下产生一个上底为 $\gamma_{水}(h_2 - h)$,下底为 $\gamma_{水}h_2$,高为 h 的梯形静水压强分布图。

两个梯形静水压强分布合成后为一高为 h,宽为 $\gamma_{水}(h_1 - h_2)$ 的矩形静水压强分布图,作用于闸门上的静水总压力等于矩形静水压强分布图的面积乘以闸门的宽度,即

$$P = Sb = \gamma_{水}(h_1 - h_2)hb = 9.8 \times (6 - 4) \times 3 \times 2 = 117.6(\text{kN})$$

静水总压力的作用点距闸门底部的距离,即

$$e = \frac{h}{2} = \frac{3}{2} = 1.5(\text{m})$$

【例2-11】 已知一水池,如图2-15所示,在距池底 $a = 0.5$ m 处设置一泄水孔,用矩形闸门挡水,闸门上用铰链与池壁连接,闸门下端连接启门的铁链。闸门高 $L = 0.8$ m,宽 $b = 0.6$ m,池中水深 $h = 3$ m,忽略门重和摩擦阻力。试求当铁链与水平面成 $45°$ 角时,开

启闸门所需的力 T。

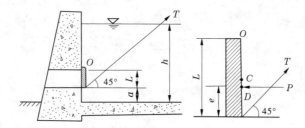

图 2-15　池水孔及矩形平面闸门

解：用图解法

闸门顶部水深　$h_1 = h - a - L = 3 - 0.5 - 0.8 = 1.7(\text{m})$

闸门底部水深　$h_2 = h - a = 3 - 0.5 = 2.5(\text{m})$

作用在闸门上的静水总压力为：

$$P = Sb = \frac{1}{2}\gamma(h_1 + h_2)Lb = \frac{1}{2} \times 9.8 \times (1.7 + 2.5) \times 0.8 \times 0.6 = 9.88(\text{kN})$$

压力中心距闸门底部的距离为：

$$e = \frac{L}{3}\frac{2h_1 + h_2}{h_1 + h_2} = 0.37(\text{m})$$

则作用点距铰链的距离为：$L - e = 0.43$ m

启门力为：

$$TL\sin 45° = P(L - e)$$

$$T = 7.51 \text{ kN}$$

五、作用在柱形曲面上的静水总压力

由于作用在柱形曲面上的各点的静水压强随着水深的增加而加大，而且方向也是变化的，静水压强分布图的面积不容易求出，所以静水总压力也不易直接求出。一般情况下，利用力的合成和分解原理，先求出水体作用于曲面上的水平分力 P_x 和铅直分力 P_y，然后再求出静水总压力 P。

（一）静水总压力的水平分力

$$P_x = S_x b \tag{2-20}$$

作用于曲面上的静水总压力 P 的水平分力 P_x 等于曲面在铅直投影面上的投影面积 A_x 上的静水总压力。这样，就把求曲面静水总压力的水平分力转化为求铅直平面 A_x 的静水总压力。显然，P_x 的作用线将通过 A_x 受压面的压力中心。

（二）静水总压力的铅直分力

作用在曲面上的静水总压力的铅直分力 P_y 等于其压力体内的水重。压力体是用来计算铅直分力 P_y 的一个工具，但它不一定是由实际水体所构成的。压力体绘制实例如图 2-16 所示。压力体应由下列周界面所围成：

（1）底面一定是受压面曲面本身；

（2）顶面一定是液面或液面的延长面；

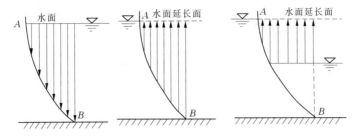

图 2-16　压力体绘制实例

（3）侧面是经过曲面四周边缘向液面或液面的延长面所引的铅垂面。

铅直分力 P_y 的方向可根据静水压力垂直指向作用面这个性质来确定。若曲面上部受液压，则 P_y 方向向下；若曲面下部受液压，则 P_y 方向向上。

静水总压力的大小为：

$$P = \sqrt{P_x^2 + P_y^2} \tag{2-21}$$

静水总压力 P 的方向：可由静水总压力 P 与水平线之间的夹角 β 确定，即

$$\tan\beta = \frac{P_y}{P_x} \tag{2-22}$$

或

$$\beta = \arctan\frac{P_y}{P_x} \tag{2-23}$$

静水总压力的作用点：总压力 P 作用线通过 P_x 与 P_y 的交点。

【例 2-12】　弧形闸门 A、B，如图 2-17 所示，宽度 $b = 4$ m，半径 $R = 2$ m，扇形圆心角 $\alpha = 90°$，闸门轴与上游水面齐平，求作用于闸门上的静水总压力。

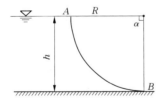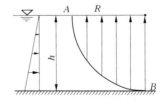

图 2-17　弧形闸门及铅垂投影面和压力体

解：水对弧形闸门的静水总压力 P 可分解为两个分力，即水平分力 P_x 和铅直分力 P_y。

P_x 等于曲面铅垂投影面的静水总压力，即

$$P_x = Sb = \frac{1}{2}\gamma_{水}h^2b = \frac{1}{2} \times 9.8 \times 2^2 \times 4 = 78.4(\text{kN})$$

P_y 等于压力体内液体的重量，即水的容量乘以压力体的体积

$$P_y = \gamma_{水}V = \gamma_{水}\frac{\pi}{4}h^2b = 9.8 \times \frac{3.14}{4} \times 2^2 \times 4 = 123.1(\text{kN})$$

$$P = \sqrt{P_x^2 + P_y^2} = \sqrt{78.4^2 + 123.1^2} = 145.9(\text{kN})$$

P 与水平面的夹角，即

$$\beta = \arctan\frac{P_y}{P_x} = \arctan\frac{123.1}{78.4} = 57.5°$$

第三节　水动力学基础

一、液体运动的基本概念

在水力学中,液体的运动特征常用压强、流速、加速度等物理量来表征,这些物理量统称为液体运动要素。水动力学基础的任务就是研究各运动要素随空间位置和时间的变化规律,建立这些运动要素之间的相互关系式,以便根据液流的已知运动要素去推求欲求的运动要素。

(一)恒定流与非恒定流

按水流运动要素是否随时间变化,可将水流运动分为恒定流与非恒定流,如图 2-18 所示。

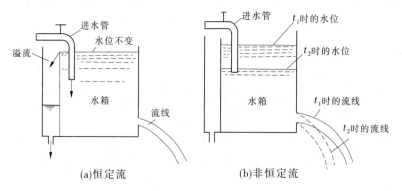

图 2-18　恒定流与非恒定流

(二)流线与迹线

水力学中把表示水流各个质点在某一瞬时运动方向的线称为流线。流线的绘制方法如图 2-19 所示:在流动的液体中,任意选取一空间点 A,绘出液体质点通过空间固定点 A 某一瞬间 t 的流速向量 u_A,在该向量上取与 A 点相距为 ΔL_1 的 1 点,绘出 1 点在同一瞬时 t_1 的流速向量 u_1,又在该向量上取与 1 点相距为 ΔL_2 的 2 点,绘出同一瞬时 t_2 点的流速向量 u_2……依此类推,则可得到一条折线 $A—1—2—3$……当各微小距离 ΔL 趋近于零时,折线就成为一条与各点流速方向相切的光滑曲线,这条曲线就是 t 时刻通过空间点 A 的一条流线。由此可知:流线是某一瞬时在流动液体中绘出的一条曲线,在该曲线上每一个液体质点的速度向量都与曲线相切。

根据流线的定义,可以看出流线具有以下特性:

(1)流线上任一点的切线方向就是该液体质点的流速方向。

(2)流线不能相交或转折。

(3)液体质点在流动过程中不能横越流线,只能沿着瞬时流线运动。

(4)流速大的地方流线密,流速小的地方流线疏。

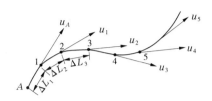

图2-19　流线画法

所谓迹线,就是某个液体质点在所流动空间运动的轨迹线。

显然,流线和迹线是两个不同的概念。流线是同一瞬时,许多液体质点所组成的一条曲线,而迹线是一个液体质点在不同时刻所行经的路线。在恒定流中,水流的流速不随时间变化,故流线也不随时间变化,质点沿固定的流线运动,所以在恒定流中,流线与迹线是重合的。

(三)过水断面、流量及平均流速

1. 过水断面及其水力要素

与液流所有流线相垂直(垂直于水流方向)的横断面称为过水断面,过水断面面积用 A 表示,如图2-20所示。过水断面上液体与周围固体壁接触线的长度称为湿周,湿周用希腊字母 χ 来表示。

过水断面面积与湿周的比值称为水力半径,常以 R 表示,即

$$R = \frac{A}{\chi} \tag{2-24}$$

有一圆管充满水流,其水力半径为:

$$R = \frac{A}{\chi} = \frac{\pi d^2}{4} / \pi d = \frac{d}{4} \tag{2-25}$$

图2-20　过水断面

2. 流量

单位时间内通过某一过水断面的液体的体积称为流量。通常用 Q 来表示,其单位为米³/秒(m^3/s)或升/秒(L/s)。

3. 断面平均流速

断面平均流速是假想过水断面上各点的流速相等得出的一个流速,即

$$v = \frac{Q}{A} \tag{2-26}$$

【例2-13】　有一圆形管道,直径 $d = 1.2$ m,当通过管道的流量 $Q = 4$ m^3/s 时,试求:(1)断面平均流速 v;(2)湿周 χ;(3)水力半径 R。

解:管道过水断面面积为:

$$A = \frac{\pi d^2}{4} = \frac{3.14 \times 1.2^2}{4} = 1.13 (m^2)$$

断面平均流速 v 为:

$$v = \frac{Q}{A} = \frac{4}{1.13} = 3.54 (m/s)$$

湿周 χ 为:

$$\chi = \pi d = 3.14 \times 1.2 = 3.77 (\text{m})$$

水力半径 R 为：

$$R = \frac{A}{\chi} = \frac{1.13}{3.77} = 0.3 (\text{m})$$

（四）均匀流与非均匀流

按液流运动要素是否沿流程变化，将恒定流分为均匀流和非均匀流。流速的大小和方向沿流程不变的流动称为均匀流或等速流；流速的大小和方向（或其中的一个）沿流程有变化的流动称为非均匀流或变速流。

（五）渐变流与急变流

按流线不平行和弯曲的程度将非均匀流分为渐变流与急变流。当水流的流线夹角很小，流线弯曲程度不大，可以近似为平行直线时，称为渐变流；当水流的流线夹角较大，流线弯曲程度较大时，称为急变流，如图 2-21 所示。

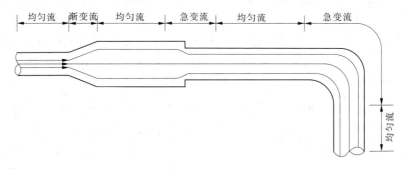

图 2-21　非均匀流的不同状态

（六）渐变流特性

在渐变流条件下，水流具有以下特性：

（1）由于渐变流中流线曲率和流线间的夹角都很小，流线近似为平行直线，因此垂直于这些流线的过水断面可视为平面。

（2）在渐变流中，由于流线曲率很小，水流的离心惯性力可忽略不计，所以过水断面上各点动水压强的变化规律与静水压强的分布规律相同，同一过水断面上的动水压强分布规律为：

$$z_1 + \frac{p_1}{\gamma} = z_2 + \frac{p_2}{\gamma} = 常数 \tag{2-27}$$

急变流和渐变流不同，其特性也不同：

（1）由于流线之间夹角较大，急变流的过水断面因要与各流线垂直，故不能视作平面，而是曲面。

（2）由于流线的曲率较大，作用于水流质点上的质量力除重力外，还有不可忽视的离心惯性力存在，它会影响过水断面上的压强分布。

（七）有压流与无压流

按液流是否具有与大气接触的自由表面，将液流分为有压流和无压流。电站中的压力输水管道中就是有压流；人工渠道或天然河道等具有自由表面的液流称为明渠水流，是无压流。

二、恒定总流的连续性原理

水和其他任何物质一样,在运动过程中物质既不能增加,也不能减少,所以水流运动也遵守质量守恒定律。根据质量守恒定律,在任意总流中取两个过水断面,可以得到连续性原理的表达形式:

$$v_1 A_1 = v_2 A_2 = vA = Q \qquad (2\text{-}28)$$

恒定流时,经过任一过水断面的流量均为常数,这就是恒定流的连续性原理,称为总流连续性方程,写为:

$$\frac{v_1}{v_2} = \frac{A_2}{A_1} \qquad (2\text{-}29)$$

上式表明,在不可压缩的恒定总流中任意两断面,其断面平均流速与过水断面面积成反比。也就是说,断面大的地方流速小,断面小的地方流速大。

【例 2-14】 有一断面不等的串联管道,如图 2-22 所示,小管直径 $d_1 = 10$ cm,流速 $v_1 = 5$ m/s,当大管直径 $d_2 = 20$ cm 时,求:(1)管道中的流量;(2)大管道的平均流速;(3)两管道的平均流速之比。

图 2-22 两不同直径断面的串联管道

解:(1)管道的两个过水断面面积分别为:

$$A_1 = \frac{\pi d_1^2}{4} = \frac{\pi \times 10^2}{4} = 78.5(\text{cm}^2)$$

$$A_2 = \frac{\pi d_2^2}{4} = \frac{\pi \times 20^2}{4} = 314(\text{cm}^2)$$

则通过管道的流量为:

$$Q = v_1 A_1 = 500 \times 78.5 = 39\,250(\text{cm}^3/\text{s}) = 0.039\,3 \text{ m}^3/\text{s}$$

(2)大管道的平均流速为:

$$v_2 = v_1 \frac{A_1}{A_2} = 1.25(\text{m}/\text{s})$$

(3)两管道的平均流速之比为:

$$\frac{v_1}{v_2} = \frac{A_2}{A_1} = 4$$

【例 2-15】 有一压力输水管,如图 2-23 所示,$d_1 = 200$ mm,$d_2 = 150$ mm,$d_3 = 100$ mm,其中第三段中的断面平均流速 $v_3 = 2.0$ m/s,试求第一段、第二段中的断面平均流速和流量。

解:根据恒定流的连续性方程可知:

$$v_1 A_1 = v_2 A_2 = v_3 A_3$$

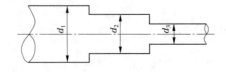

图 2-23　压力输水管

所以
$$v_1 \frac{\pi d_1^2}{4} = v_3 \frac{\pi d_3^2}{4}$$

即
$$v_1 = v_3 \frac{d_3^2}{d_1^2} = 2.0 \times \frac{100^2}{200^2} = 0.5 (\text{m/s})$$

$$v_2 = v_3 \frac{d_3^2}{d_2^2} = 2.0 \times \frac{100^2}{150^2} = 0.89 (\text{m/s})$$

$$Q = v_3 \frac{\pi d_3^2}{4} = 2.0 \times \frac{3.14 \times 0.1^2}{4} = 0.016 (\text{m}^3/\text{s})$$

三、能量原理

连续性方程反映的是断面平均流速沿流程变化的规律,但没有涉及动水压力问题,能量方程则揭示了沿程各断面的位置高度、流速和压强之间的关系及其变化规律。能量方程与连续性方程联用,可以解决工程实际中存在的许多水力学问题。

(一)能量方程推导

能量方程是根据物理学的动量定理推导出来的。由物理学可知,在重力作用下,运动物体具有势能和动能两种能量。在水静力学中讲过,水体中某处的位置高度 z 代表单位重量水体的位能,简称单位位能;$\frac{p}{\gamma}$ 代表单位重量水体的压能,简称单位压能;单位位能和单位压能统称为单位势能。

水流中除具有位能和压能外,还具有动能。若某水体的质量为 m,断面平均流速为 v,该水体所具有的动能为 $\frac{1}{2}mv^2$,其单位重量水体所具有的动能为 $\frac{\frac{1}{2}mv^2}{mg} = \frac{v^2}{2g}$,简称单位动能。

水流中单位重量水体具有的单位总能量 E 等于单位位能、单位压能与单位动能之和,即

$$E = z + \frac{p}{\gamma} + \frac{v^2}{2g} \tag{2-30}$$

上述三种能量在一定的条件下可以转化。与水静力学中的规律一样,如果位能减小,压能便增加;而位能增加,压能便减小。在坝顶处水流位能较大,动能较小;而水流流至坝趾处,由于位能减小,动能变得很大。在一定条件下动能也可能转化成压能。

如图 2-24 所示,取一根两端开口,下端弯成 90° 的细玻璃管,将弯曲端口放于 A 点,开口正对水流方向,在管口处水流速度 v 变为零,水流位能转变成压能,使管中水柱上升至

$h_\mathrm{p} = \dfrac{v^2}{2g}$。

水流动能与压能的转换还可以用图 2-25 所示的装置来说明。一根水平放置的变直径管道，一端接水箱，保持水箱中水位不变，另一端装阀门控制流量，管道上接若干个测压管，用来测量各断面的压能。

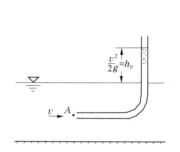

图 2-24　玻璃管安放位置

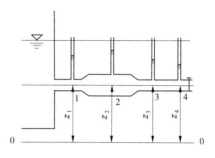

图 2-25　实验装置

当阀门关闭时，各断面的流速为零，断面上只有位能和压能，且 $z + \dfrac{p}{\gamma} =$ 常数，测压管水头线与水箱水面齐平。

当阀门开启时，管中水体开始流动，形成动能。观察各测压管发现，在 $z_1 = z_2 = z_3 = z_4$ 的前提下，各点压能均不相等，压能转化为动能。由连续方程可知，在流量一定时，由于 1 断面比 2 断面管径小，因而流速大，动能也大，所以压能变小，测压水管水头较低；2 断面处，管径大则流速小，动能也小，其中一部分动能转化为压能，所以测压管水头较高。

比较 3、4 两个断面（位能相等，管径相同，动能也相等，只是两测压管相距较远）发现 $\dfrac{p_3}{\gamma} > \dfrac{p_4}{\gamma}$，说明了 3 断面处能量大于 4 断面处的能量。这是由于水流摩擦力所致，水流在由 3 断面流至 4 断面的过程中，一部分能量转换为热量而散失。

综上所述，在一定条件下，水流能量可以相互转化。势能可以转化为动能，动能也可以转化成势能。另外，还有一部分能量转化为热量而散失。但无论怎样转化，它们的总能量保持不变，这就是能量守恒原理。

如图 2-26 所示为恒定水流。断面 1—1 处的动力压强为 p_1，断面平均流速为 v_1，断面 2—2 处的动力压强为 p_2，断面平均流速为 v_2，1、2 两点距基准面高度分别为 z_1 和 z_2。断面 1—1 处的总能量为：

$$E_1 = z_1 + \frac{p_1}{\gamma} + \frac{v_1^2}{2g} \tag{2-31}$$

断面 2—2 处的总能量为：

$$E_2 = z_2 + \frac{p_2}{\gamma} + \frac{v_2^2}{2g} \tag{2-32}$$

水体从断面 1—1 流至断面 2—2 的过程中，必然存在能量损失，单位重量水体所损失的能量称为单位能量损失，也称为水头损失，用符号 h_w 表示。

根据能量守恒定律，得出断面 1—1 和断面 2—2 之间单位重量液体能量方程的表达

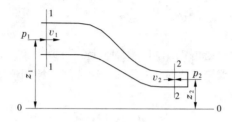

图 2-26 恒定水流

形式为：

$$z_1 + \frac{p_1}{\gamma} + \frac{\alpha_1 v_1^2}{2g} = z_2 + \frac{p_2}{\gamma} + \frac{\alpha_2 v_2^2}{2g} + h_w \tag{2-33}$$

式中 α——动能修正系数，也称流速修正系数，断面上流速分布不均，一般取值 $1.05 \sim$
1.1，为了简化计算，可取 1.0。

上式为实际液体恒定总流的能量方程。它表明总流在不同的过水断面上的位能、压能和动能之间的相互转化和守恒规律。它是自然界普遍遵循的能量转化和守恒原理在水力学中的具体表现形式。

（二）能量方程的意义及几何表示

总水头线的坡度称为水力坡度，用 J 表示，它表示沿流程单位距离的水头损失。如图 2-27 所示，若用 L 表示两断面间的流程，则

$$J = \frac{h_w}{L} \tag{2-34}$$

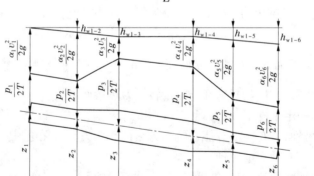

图 2-27 恒定流沿程水头损失

（三）总流能量方程的应用条件

应用时必须满足下列条件：

（1）液流必须是恒定流，液体是不可压缩的。

（2）对所取的两个过水断面，作用于液体上的质量力只有重力。两个过水断面必须符合渐变流条件，但在两个断面之间可以不是渐变流。

（3）两个断面之间不能有能量输出或外界能量的输入。如果有外界能量的输入（如水泵给水流作功），或本身能量的输出（如水给水轮机作功），则应将能量方程改写为：

$$z_1 + \frac{p_1}{\gamma} + \frac{\alpha_1 v_1^2}{2g} \pm H = z_2 + \frac{p_2}{\gamma} + \frac{\alpha_2 v_2^2}{2g} + h_{\mathrm{w}} \qquad (2\text{-}35)$$

式中　H——两断面间输入(取正号)或输出(取负号)的单位重量液体的能量。

(4)能量方程在推导过程中虽然有流量沿程不变的条件限制,但是总流能量方程中的各项都是指单位能量液体所具有的能量,当液流有分支或汇合时,仍可分别对每一分支液流列能量方程。

(四)应用能量方程时应注意事项

为了使计算简便和不发生错误,在应用能量方程应注意以下几点:

(1)基准面的选择:基准面可选择任意的水平面,但在计算不同断面的位置水头时必须用同一基准面。为避免位置水头出现负值,常把基准面选在最低断面以下或通过最低断面的形心点(如管流断面中心点)。

(2)过水断面的选择:两个过水断面必须选在渐变流或均匀流段上,一般边界比较平直的流段就符合渐变流条件。一个断面应选在已知条件较多的地方,如管道出口断面、表面为大气压强的断面;另一个断面选在需要求解运动要素的地方。

(3)代表点的选定:过水断面选定后,还要在每个断面上选一个代表点,例如对管流以断面中心点为代表点,对明渠以液面上一点为代表点。

(4)能量方程中的动水压强 p_1 和 p_2,一般采用相对压强。

(5)严格来说,两断面的动能修正系数 α_1 和 α_2 是不相等的,也不等于1。但对大多数渐变流,可取 $\alpha_1 = \alpha_2 = 1.0$。

【例2-16】　有一直径渐变的锥形水管,如图2-28所示。已知直径 $d_1 = 20$ cm,相对压强 $p_1 = 68.6$ kPa;直径 $d_2 = 40$ cm,相对压强 $p_2 = 39.2$ kPa,断面平均流速 $v_2 = 1.0$ m/s。试判断水流方向,并计算两断面间的水头损失。

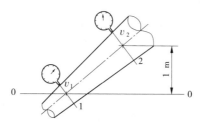

图2-28　锥形水管

解:因为水流总是从能量较大的断面流向能量较小的断面,所以比较两断面的能量大小就可知水流方向。

按连续方程求得断面1—1的平均流速为:

$$v_1 = v_2 \frac{A_2}{A_1} = v_2 \frac{d_2^2}{d_1^2} = 1.0 \times \frac{0.4^2}{0.2^2} = 4.0 (\mathrm{m/s})$$

断面1—1的总能量为 E_1(取 $\alpha_1 = 1.0$),则

$$E_1 = z_1 + \frac{p_1}{\gamma} + \frac{\alpha_1 v_1^2}{2g} = 0 + \frac{68.6}{9.8} + \frac{1.0 \times 4^2}{19.6} = 7.82 (\mathrm{m})$$

断面2—2的总能量为 E_2(取 $\alpha_2 = 1.0$),则

$$E_2 = z_2 + \frac{p_2}{\gamma} + \frac{\alpha_2 v_2^2}{2g} = 1.0 + \frac{39.2}{9.8} + \frac{1.0 \times 1.0^2}{19.6} = 5.05(\text{m})$$

因为 $E_1 > E_2$，所以管中水流应从 1—1 断面流向 2—2 断面。两断面之间的水头损失为：

$$h_{\text{w}1-2} = E_1 - E_2 = 7.82 - 5.05 = 2.77(\text{m})$$

计算结果表明，管道中的水流方向不能简单地根据位置高低、压强大小和流速快慢来确定，而应通过比较断面间能量的大小来判定。

【例 2-17】 在一水箱侧壁开一圆形的薄壁孔口，泄流到大气中，如图 2-29 所示。孔口直径 $d = 10$ cm，孔口形心点水头 $H = 1.2$ m，试求孔口出流的流速。

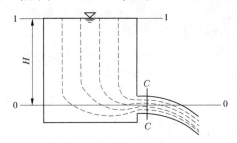

图 2-29   开有圆形孔口的水箱

解：若水箱水位保持不变，则水流可认为是恒定流，应用能量方程求解。

以孔口出流的中心线所在平面为基准面，列 1—1 和 C—C 断面的能量方程：

$$z_1 + \frac{p_1}{\gamma} + \frac{\alpha_1 v_1^2}{2g} = z_C + \frac{p_C}{\gamma} + \frac{\alpha_C v_C^2}{2g} + h_{\text{w}}$$

设 $\alpha_1 = \alpha_C = 1.0$，$h_{\text{w}} = 0$，则有

$$H + 0 + 0 = 0 + 0 + \frac{v_C^2}{2g} + 0$$

所以

$$v_C = \sqrt{2gH} = 0.023\ 6\ \text{m}^3/\text{s}$$

【例 2-18】 有一水泵管道系统，如图 2-30 所示。要求将给水池中的水提到 15 m 高程处。已知流量 $Q = 30$ L/s，管道直径 $d = 150$ mm，管道总水头损失 $h_{\text{w}} = 1.2$ m，水泵的效率 $\eta = 75\%$，试求水泵的扬程及水泵的功率。

解：以给水池水面为基准面，列 1—1、2—2 断面的能量方程：

$$z_1 + \frac{p_1}{\gamma} + \frac{\alpha_1 v_1^2}{2g} + H = z_2 + \frac{p_2}{\gamma} + \frac{\alpha_2 v_2^2}{2g} + h_{\text{w}}$$

给水池和水塔中的流速很小，$v_1 = v_2 = 0$，表面都为大气压，所以

$$0 + 0 + 0 + H = 15 + 0 + 0 + 1.2$$

$$H = 16.2\ \text{m}$$

水泵功率为：

$$N = \frac{\gamma QH}{1\ 000\eta} = 6.35\ \text{kW}$$

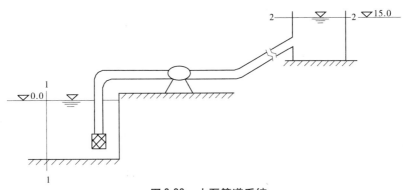

图 2-30　水泵管道系统

四、恒定总流的动量方程

（一）动量和动量定理

物体的运动状态是由物体的质量和速度这两个因素共同决定的,我们把物体的质量 m 和速度 v 的乘积叫作运动物体的动量 mv。

根据牛顿第二运动定律和加速度公式可以得到:

$$\sum \vec{F} = m \frac{\vec{v_2} - \vec{v_1}}{\Delta t} = \frac{m\vec{v_2} - m\vec{v_1}}{\Delta t} \tag{2-36}$$

该式表明在单位时间内,物体沿某一方向动量的变化,等于物体在同一方向上所受到的外力的合力,这就是动量定律。

（二）恒定流的动量方程

恒定流的动量方程是动量定理在水流运动中的具体表达形式。

如图 2-31 所示,水流为一恒定水流,通过的流量为 Q,经过 Δt 时间后,1—1、2—2 之间的这段水流,流到 1′—1′ 和 2′—2′ 的位置。从图中可看出,1′—1′ ~ 2—2 这段水体,在 Δt 时段内虽有质点的移动和替换,但因水流是恒定流,1′—1′ ~ 2′—2′ 这段水体的质量和各点的速度、压强都不会改变,因此动量也不会变。所以,研究水体在单位时间内的动量变化,只需研究 1—1 ~ 1′—1′ 段和 2—2 ~ 2′—2′ 段的动量变化即可。断面 1—1 的平均流速为 v_1,断面 2—2 的平均流速为 v_2,Δt 时段内流经 1—1 和 2—2 的水体质量 m 等于水的密度和水的体积的乘积,即

$$m = \rho Q \Delta t = \frac{\gamma Q}{g} \Delta t \tag{2-37}$$

因此,通过过水断面 1—1 的水流动量为:

$$m\vec{v_1} = \frac{\gamma Q}{g} \Delta t \vec{v_1} \tag{2-38}$$

通过过水断面 2—2 的水流动量为:

$$m\vec{v_2} = \frac{\gamma Q}{g} \Delta t \vec{v_2} \tag{2-39}$$

将上面两式代入动量定律的表达形式,得

$$\sum \vec{F} = \frac{\gamma Q}{g}(\alpha_2' \vec{v}_2 - \alpha_1' \vec{v}_1) \qquad (2\text{-}40)$$

上式就是实际常用的恒定总流动量方程。具体计算时,要写成直角坐标系上各个轴方向的投影的代数方程。

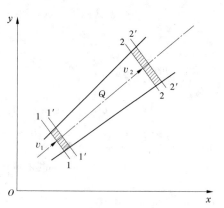

$$\sum F_x = \frac{\gamma Q}{g}(\alpha_2' v_{2x} - \alpha_1' v_{1x}) \qquad (2\text{-}41)$$

$$\sum F_y = \frac{\gamma Q}{g}(\alpha_2' v_{2y} - \alpha_1' v_{1y}) \qquad (2\text{-}42)$$

(三)应用动量方程要注意的问题

(1)根据求解的问题,在恒定总流中,选定两个渐变流断面(两断面间可为急变流),将两断面间的水体取出作为隔离体。把一切外力,如压力、重力、边界反力及平均流速等按方向一一标示在隔离体上。

图 2-31   恒定水流水体

(2)选定坐标轴 x、y、z 的方向,以便确定各外力及流速投影到坐标轴上的大小和方向。凡是与坐标轴正方向一致的投影为正值,相反的为负值。

(3)固体边界对水流的反作用力 R' 与水流对边界的作用力大小相等,方向相反。应用动量方程求出的是 R'。

(4)计算动量的增量时,必须是流出的动量 mv_2 减去流入的动量 mv_1,切不可颠倒。同时要注意流速本身的方向(带上正负符号)。

(5)动量方程式中的每一个投影式只能求解一个未知数,如未知数多于一个,则可借助于连续性方程和能量方程联合求解。

【例 2-19】 水电站压力水管的渐变段,如图 2-32 所示,直径 $d_1 = 1.5$ m,$d_2 = 1.0$ m,渐变段起点处压强 $p_1 = 392$ kPa,管中通过的流量 $Q = 1.8$ m³/s,求渐变段支座承受的轴向力(不计渐变段的能量损失)。

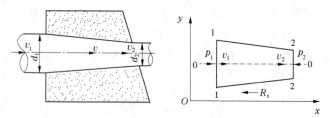

图 2-32   水电站压力水管的渐变段

解:(1)取脱离体:取渐变流断面 1—1 和 2—2 之间的水体为脱离体,并选定坐标轴 x、y。

(2)对脱离体进行受力分析:先将脱离体所受的力和速度标在脱离体上,再分析 x、y 各方向的外力及动量的变化。

本例因 1—1 和 2—2 断面流速与 x 方向平行,两断面上的水流仅有 x 方向的动量变化。沿 x 轴向作用于脱离体上的外力有:

1—1 断面上压力　　$P_{1x} = P_1 = p_1 A_1$

2—2 断面上压力　　$P_{2x} = P_2 = p_2 A_2$

管壁对水体的作用力 R_x。

（3）分析动量的变化：由于管径发生了变化，所以 1—1 和 2—2 断面的动量有了变化，即在 x 轴上有：

$$\frac{\gamma Q}{g}(v_{2x} - v_{1x}) = \frac{\gamma Q}{g}(v_2 - v_1)$$

上述各式中：

$$A_1 = \frac{\pi d_1^2}{4} = \frac{3.14 \times 1.5^2}{4} = 1.767(\text{m}^2)$$

$$v_1 = \frac{Q}{A_1} = \frac{1.8}{1.767} = 1.019(\text{m/s})$$

$$A_2 = \frac{\pi d_2^2}{4} = \frac{3.14 \times 1.0^2}{4} = 0.785(\text{m}^2)$$

$$v_2 = \frac{Q}{A_2} = \frac{1.8}{0.785} = 2.293(\text{m/s})$$

$$p_1 = 392 \text{ kPa}$$

p_2 需对 1—1 和 2—2 断面列能量方程求解。以管子的轴线为 0—0 基准面，以 1—1 和 2—2 断面为计算断面，以 1—1 和 2—2 断面与轴线的交点为势能代表点列能量方程：

$$z_1 + \frac{p_1}{\gamma} + \frac{\alpha_1 v_1^2}{2g} = z_2 + \frac{p_2}{\gamma} + \frac{\alpha_2 v_2^2}{2g} + h_{w1-2}$$

令　　　　　　　　　　　　$\alpha_1 = \alpha_2 = 1.0$

$$0 + \frac{392}{9.8} + \frac{1.019^2}{2 \times 9.8} = 0 + \frac{p_2}{9.8} + \frac{2.293^2}{2 \times 9.8} + 0$$

$$p_2 = 389.893 \text{ kPa}$$

（4）求水流作用于闸门上的力：

列 x 轴方向的动量方程式为：

$$\sum F_x = \frac{\gamma}{g} Q (v_{2x} - v_{1x})$$

$$P_{1x} - P_{2x} - R_x = \frac{\gamma}{g} Q (v_{2x} - v_{1x})$$

$$p_1 A_1 - p_2 A_2 - R_x = \frac{\gamma}{g} Q (v_{2x} - v_{1x})$$

将外力和动量变化的计算值代入方程，即

$$392 \times 1.767 - 389.893 \times 2.293 - R_x = \frac{9.8}{9.8} \times 1.8 \times (2.293 - 1.019)$$

计算得　　　　　　　　　　$R_x = 384.3 \text{ kN}$

【例2-20】　某水电站引水钢管进入厂房前有一弯管，弯管轴线与水平线的夹角为 45°，水流经过弯管做曲线运动时，会产生一个离心力指向弯管外侧，使弯管有产生位移的趋势，为使弯管不位移，要设置一个镇墩将弯管固定，如图 2-33 所示。已知钢管直径 $d = 2$

m,过流量 $Q = 12.56$ m^3/s,断面 1—1 形心点的相对压强 $p_1 = 980$ kPa,两断面间的水头损失为 $h_w = 0.06$ m,$L = 3$ m,试求水流对弯管的作用力。

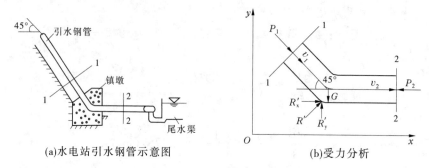

(a)水电站引水钢管示意图   (b)受力分析

图 2-33　水电站引水钢管

解:(1)取符合渐变流条件的断面 1—1、2—2 之间的水体为隔离体,并取 x、y 为坐标轴。

(2)作用于隔离体的外力有:

①断面 1—1 的动水总压力:

$$P_1 = p_1 A_1 = 980 \times \frac{\pi}{4} \times 2^2 = 3\ 077.2\ (\mathrm{kN})$$

②断面 2—2 的动水总压力。先用能量方程求动水压强 p_2,列断面 1—1、2—2 对水平轴线的能量方程:

$$z_1 + \frac{p_1}{\gamma} + \frac{\alpha_1 v_1^2}{2g} = 0 + \frac{p_2}{\gamma} + \frac{\alpha_2 v_2^2}{2g} + h_w$$

已知 $z_1 = \frac{L}{2}\cos 45° = \frac{3}{2} \times \cos 45° = 1.06\,(\mathrm{m})$,$p_1 = 980$ kPa,$h_w = 0.06$ m

取 $\alpha_1 = \alpha_2 = 1.0$,$v_1 = v_2 = v = \dfrac{Q}{A} = \dfrac{12.56}{3.14} = 4\,(\mathrm{m/s})$

将以上各值代入能量方程得

$$\frac{p_2}{\gamma} = 1.06 + \frac{980}{9.8} - 0.06 = 101\,(\mathrm{m})$$

$$p_2 = 101 \times 9.8 = 989.8\,(\mathrm{kPa})$$

$$P_2 = p_2 A_2 = 989.8 \times \frac{\pi}{4} \times 2^2 = 3\ 108\,(\mathrm{kN})$$

③弯管内水的重量:$G = \gamma AL = 9.8 \times 3.14 \times 3 = 92.3\,(\mathrm{kN})$

④管壁对隔离体的反作用力 R'_x、R'_y,先假定其方向为正。

(3)求反作用力 R' 的水平分力 R'_x,应用动量方程在 x 轴上的投影式:

$$\sum F_x = \frac{\gamma Q}{g}(\alpha'_2 v_{2x} - \alpha'_1 v_{1x})$$

$$\sum F_x = P_{1x} + P_{2x} + R'_x = \frac{\gamma Q}{g}(\alpha'_2 v_{2x} - \alpha'_1 v_{1x})$$

式中　　$P_{1x} = P_1 \cos 45° = 3\ 077.2 \times 0.707 = 2\ 176\,(\mathrm{kN})$

$$P_{2x} = -P_2 = -3\ 108\ \mathrm{kN}$$

$$v_{1x} = v_1 \cos 45° = 4 \times 0.707 = 2.828\,(\mathrm{m/s})$$

$$v_{2x} = v_2 = 4 \text{ m/s}$$

将以上各值代入方程得

$$R'_x = \frac{\gamma Q}{g}(\alpha'_2 v_{2x} - \alpha'_1 v_{1x}) - P_{1x} - P_{2x} = 946.7 \text{ kN}$$

R'_x 的值为正,表明假设方向正确。

(4)求反作用力 R' 的水平分力 R'_y,应用动量方程在 y 轴上的投影式:

$$\sum F_y = P_{1y} + P_{2y} + G + R'_y = \frac{\gamma Q}{g}(\alpha'_2 v_{2y} - \alpha'_1 v_{1y})$$

同理求得

$$R'_y = 2304 \text{ kN}$$

(5)求反作用力 R':

$$R' = \sqrt{R_x^2 + R_y^2} = 2491 \text{ kN}$$

求 R' 与水平方向的夹角:

$$\alpha = \arctan \frac{R'_y}{R'_x} = 67.7°$$

五、恒定流的动量矩方程

运用恒定流的动量方程可以求解水流与边界相互作用力的大小,但不能确定作用力的位置,要确定水流与边界的作用力的位置,需要应用动量矩方程。水流通过水轮机或水泵的转轮时,水流与转轮叶片之间相互有力的作用,受水流作用的叶片绕一固定轴转动。

　　动量矩方程是根据理论力学的动量矩定理推导出来的。一个物体在单位时间内对转轴的动量矩等于作用于物体上所有外力对同一轴的力矩之和,这就是动量矩定律。图 2-34 为一水轮机转轮的示意图,取整个转轮的水体为隔离体。水流从转轮外周流入,其绝对速度为 v_1,v_1 与圆周速度 u_1 的夹角为 α_1,从转轮内圆周流出,其绝对速度为 v_2,v_2 与圆周速度 u_2 的夹角为 α_2,由于轴对称,故在同一圆周上各点流入或流出的速度大

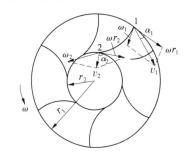

图 2-34　水轮机转轮

小相等,与圆周速度的夹角也一样。由此可知,单位时间内流入水轮机进口断面的质量为 ρQ,沿圆周切线方向流入的动量为 $\rho Q v_1 \cos\alpha_1$;动量矩为 $\rho Q v_1 \cos\alpha_1 r_1$。同理,单位时间内流出水轮机出口断面的动量矩为 $\rho Q v_2 \cos\alpha_2 r_2$。根据动量矩定律得

$$\rho Q(v_2 r_2 \cos\alpha_2 - v_1 r_1 \cos\alpha_1) = \sum T' \tag{2-43}$$

式中　$\sum T'$——作用在水体上的所有外力对转动轴的力矩之和。

上式为恒定流的动量矩方程。

第四节　液流型态和水头损失简介

水头损失与液体流动型态、液流内部结构和边界条件等有关。

一、水头损失及其分类

根据边界条件的不同,把水头损失 h_w 分为两类:

(1)沿程水头损失:在均匀流和渐变流中,液流各层之间产生的摩擦阻力存在于整个流程上,这种阻力称为沿程阻力。单位重量液体克服沿程阻力做功而消耗的能量称为沿程水头损失,用 h_f 表示。

(2)局部水头损失:在流动的局部区段(如管道的突然扩大、缩小、转弯和闸阀等处),由于边界形状的急剧改变,使水流内部结构发生急剧变化,流速分布改变,相对运动加剧,主流脱离边界,形成较大摩擦阻力,消耗较多的液流能量。这种局部边界急剧改变的区段形成的水流阻力称为局部阻力。单位重量液体克服局部阻力做功而消耗的能量称为局部水头损失,用 h_j 表示。

液体流经整个流程水头损失 h_w 等于液流各段的沿程水头损失和全部流程上各个局部水头损失的总和,即

$$h_w = \sum h_f + \sum h_j \tag{2-44}$$

二、均匀流沿程水头损失与切应力的关系——均匀流基本方程

液体流经整个流程水头损失 h_w 等于液流各段的沿程水头损失和全部流程上各个局部水头损失的总和,即

$$h_w = \sum h_f + \sum h_j \tag{2-45}$$

均匀流沿程水头损失的计算公式——达西公式

$$h_f = \lambda \frac{l}{4R} \frac{v^2}{2g} \tag{2-46}$$

式中　v——断面平均流速,m/s;

　　　λ——沿程阻力系数,表征沿程阻力大小的无单位纯数。

上式是计算均匀流沿程水头损失的普遍公式。对于圆形管道:

$$h_f = \lambda \frac{l}{d} \frac{v^2}{2g} \tag{2-47}$$

三、液体流动的两种型态——层流与紊流

(一)雷诺试验

英国人雷诺通过著名的雷诺试验才深入揭示了这两种流动型态——层流和紊流不同的本质,即在不同的流态下,液体质点的运动方式、断面流速分布、沿程阻力 λ 系数和沿程水头损失 h_f 的变化规律等都不同,如图 2-35 所示。

当流速较小时,各流层液体质点作有条不紊的线状运动,彼此互不混杂,这种流动型态称为层流。

当流速较大时,各流层的液体质点形成涡体,在流动过程中质点互相混掺,这种流动型态称为紊流。

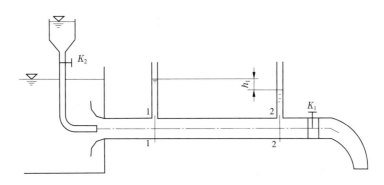

图2-35 雷诺试验

任何实际液体流动都具有两种流动型态——层流和紊流。

（二）液流型态的判别

测得圆管液流的下临界雷诺数为 $Re_k = 2\,320$。

判别液流型态以下临界雷诺数为标准：实际雷诺数 Re 大于下临界雷诺数 Re_k 时就是紊流，小于下临界雷诺数 Re_k 时就是层流。

（1）圆管中的液流：

实际雷诺数计算式为

$$Re = \frac{vd}{v} \tag{2-48}$$

式中　v——端面平均流速；

　　　d——圆管直径；

　　　v——液体流动的黏度系数。

当 $Re < Re_k = 2\,320$ 时，管中液流为层流；当 $Re > Re_k = 2\,320$ 时，管中液流为紊流。

（2）明渠液流及天然河流：

实际雷诺数计算式为

$$Re = \frac{vR}{v} \tag{2-49}$$

式中　v——端面平均流速；

　　　R——水力半径；

　　　v——液体流动的黏度系数。

当 $Re < Re_k \approx 500$ 时，液流为层流；当 $Re > Re_k \approx 500$ 时，液流为紊流。

雷诺数的物理意义是表征惯性力与黏滞力的比值。

形成紊流有两个条件：一是涡体的产生；二是雷诺数达到一定数值。

四、经验公式——谢才公式

法国工程师谢才于1775年总结河渠均匀流大量的实测资料后，得出了一个计算均匀流的经验公式：

$$v = C\sqrt{RJ} \tag{2-50}$$

式中　v——过水断面平均流速，m/s；

　　　R——水力半径，m；

　　　J——水力坡度，$J = \dfrac{h_f}{L}$；

　　　C——谢才系数。

求谢才系数的经验公式——曼宁公式：

$$C = \frac{1}{n}R^{\frac{1}{6}} \tag{2-51}$$

式中　n——糙率，查水力计算手册。

五、局部水头损失的计算

局部水头损失主要是水流边界几何形状的突然改变而引起的，它和沿程水头损失就物理本质来讲没有什么区别，都是由于液体内部各质点的混掺，相互运动时摩擦所形成的。所不同的是，局部水头损失在程度上更剧烈，范围更集中。

局部水头损失一般都表示为流速水头与局部水头损失系数 ξ 值的乘积：

$$h_j = \xi \frac{v^2}{2g} \tag{2-52}$$

式中　ξ——局部水头损失系数，一般由试验确定，也可查相关水力计算手册。

习　题

一、思考题

1. 学习水力学的任务是什么？

2. 液体的基本特征是什么？

3. 水力学基础课程的内容包括哪几个方面？有哪些内容？

4. 为什么说液体的黏滞性是产生液体能量消耗的根源？

5. 理想液体和实际液体的区别是什么？

6. 静水压强的特性是什么？静止液体中同一点各方向的静水压强数值是否相等？

7. 静水压力和静水压强两者的含义有何不同？

8. 什么是绝对压强、相对压强和真空压强？三者有何关系？理论上最大的真空值是多少？

9. 静水压强的单位有哪几类？各类单位之间的换算关系怎样？

10. 液体中 A 点和 B 点的绝对压强分别是 108 kN/m² 和 94 kN/m²，则该点的相对压强分别是多少？

11. 试分析图 2-36 中水平面 A—A、B—

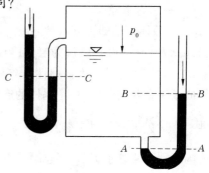

图 2-36　思考题 11

B、C—C 是否都是等压面？为什么？

12. 如图 2-37 所示，在水平桌上放置四个形状不同的容器，当水深 h 及容器底面面积 A 都相等时，底面上静水压强是否相等？静水总压力是否相等？静水总压力大小与容器所盛液体总重量有无关系？为什么？

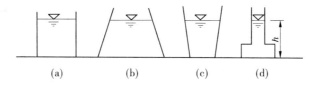

(a)　　　(b)　　　(c)　　　(d)

图 2-37　思考题 12

13. 如图 2-38 所示，问测管 1 和测管 2 中的液面是否和 0—0 面相齐平？如不齐平，是高于还是低于 0—0 面？为什么？

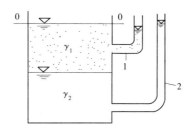

图 2-38　思考题 13

14. 恒定流与非恒定流、均匀流和非均匀流、渐变流与急变流等概念是如何定义的？它们之间有什么联系？渐变流具有什么重要的性质？

15. 关于水流流向的问题，曾有以下一些说法："水一定是从高处向低处流""水是从压强大的地方向压强小的地方流""水是由流速大的地方向流速小的地方流"，这些说法对吗？

16. 恒定总流的能量方程的限制条件有哪些？如何选取其计算断面、基准面、代表点？

二、计算题

1. 试计算水库水深为 2 m 处 A 点的相对压强和绝对压强。已知当地大气压为 98 kN/m^2。

2. 一盛水容器如图 2-39 所示，液面压强为大气压强，试计算液面下 1 m 处 M 点的绝对压强和相对压强，并用不同的单位表示。

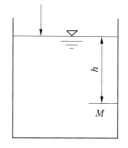

图 2-39　计算题 2

3. 一 U 形水银测压计如图 2-40 所示，已知 $h=0.2$ m，$a=0.25$ m，$h_A=0.1$ m。

(1) 试推求 A 点的压强 p_A 和表面压强 p_0。

(2) 如果测压计左右水银面齐平，即 $h=0$，其他数据不变，问此时 p_A、p_0 又为多少？是否出现真空？

4. 对于压强较大的密闭容器，可采用复式水银测压计，如图 2-41 所示，已知 $h_1=1.3$ m，$h_2=0.8$ m，$h_3=1.7$ m，试计算容器内液面压强 p_0 为多少？

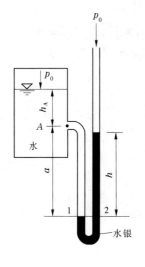

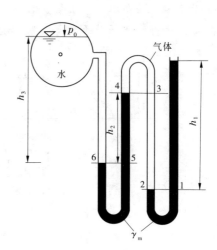

图 2-40　计算题 3　　　　　　　　　图 2-41　计算题 4

5. 如图 2-42 所示为一密闭容器,左右两侧各装一测压管,右管上端封闭,其中水面高出容器水面 3 m,管内液面压强 $p_0 = 78$ kPa;左管与大气相通。求:

(1)容器内液面压强 p_c;

(2)左侧管内水面距容器液面高度 h。

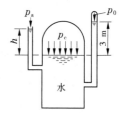

6. 如图 2-43 所示,两个盛水容器,其测压管中液面分别高于和低于容器中液面高度 $h = 2$ m,试求这两种情况下的液面绝对压强 p_0。

图 2-42　计算题 5

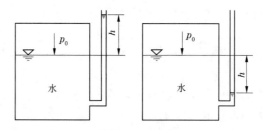

图 2-43　计算题 6

7. 如图 2-44 所示,一封闭容器水面的绝对压强 $p_0 = 85$ kN/m^2。中间玻璃管两端是开口的,当既无空气通过玻璃管进入容器,又无水进入玻璃管时,试求玻璃管应深入水面下的深度 h。

8. 如图 2-45 所示为一矩形平板闸门 AB,门的转轴位于 A 端,已知门宽 3 m,门重 9 800 N(门厚均匀),闸门与水平面夹角 α 为 60°,$h_1 = 1.0$ m,$h_2 = 1.73$ m,若不计门轴摩擦,在门的 B 端用铅垂方向索起吊。试求:

(1)当下游无水,即 $h_3 = 0$ 时,启动闸门所需的拉力 T。

(2)当下游有水,$h_3 = h_2/2$ 时,启动闸门所需拉力 T。

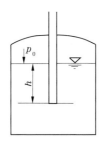

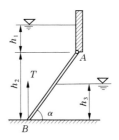

图 2-44　计算题 7　　　　　　　　　　　图 2-45　计算题 8

9. 有一水泵的压力水管,如图 2-46 所示,其中有一弯管段,管轴中心线位于铅垂面内,已知通过弯管的流量 $Q=0.25$ m³/s,管径 $d=400$ mm,断面 1—1 与断面 2—2 之间的弯段长度为 $L=2$ m,两断面形心点之间的高差 $\Delta z=1$ m,弯管转角 $\theta=60°$,转弯前 1—1 断面形心点的相对压强 $p_1=20$ kPa,忽略弯管的水头损失,试计算水流对水泵压力弯管的作用力。

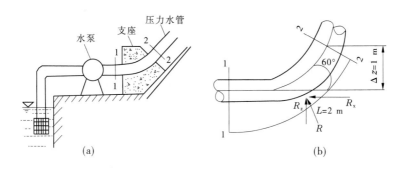

图 2-46　计算题 9

10. 如图 2-47 所示,有一管道出口处的针形阀门全开为射流,已知出口水股直径 $d_2=160$ mm,流速 $v_2=30$ m/s,管径 $d_1=350$ mm,若不计水头损失,测得针形阀门的拉杆受拉力 $F=4\,900$ N,问连接管道出口段的螺栓所受的水平总力为多少?

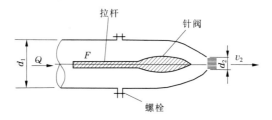

图 2-47　计算题 10

第三章　水轮机概述

第一节　水轮机基本参数

水轮机是把水流能量转换成旋转机械能的水力机械,是水电厂最主要的动力设备。水轮机主轴带动发电机轴旋转,利用发电机将机械能转换成电能。水轮机一般装在水电站的厂房内,如图 3-1 所示。当水流经引水管进入水轮机时,由于水流和水轮机的转轮相互作用,水流的能量便传给了水轮机,水轮机获得能量后开始旋转而做功。因为水轮机轴和发电机轴相连,水轮机便把它获得的能量传给了发电机,并驱动带有磁场的发电机转子转动而形成旋转磁场,发电机定子绕组切割磁力线而感应出电动势,带上负荷后便输出了电流。

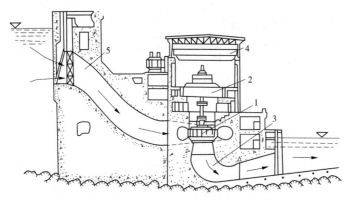

1—水轮机;2—发动机;3—尾水管;4—桥机;5—引水管

图 3-1　拦河坝式水电站坝后式厂房

当水流通过水轮机时,水能即转变成机械能,这一工作过程的特性可用水轮机基本参数来表征。其基本参数有水头 H、流量 Q、功率 P、效率 η 和转速 n 等。

一、水轮机水头 H

(一)净水头 H

净水头是水轮机进口与出口测量断面的总水头差,即水轮机做功用的有效水头,用符号 H 表示,单位为 m。图 3-2 为立轴反击式水轮机的工作示意图。

对于反击式水轮机,进口断面取在蜗壳进口处Ⅰ—Ⅰ断面,出口断面取在尾水管出口Ⅱ—Ⅱ断面,则净水头为:

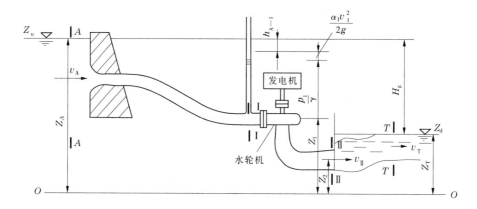

图3-2　立轴反击式水轮机的工作水头

$$H = \left(Z_{\mathrm{I}} + \frac{p_{\mathrm{I}}}{\rho g} + \frac{\alpha_{\mathrm{I}} v_{\mathrm{I}}^2}{2g} \right) - \left(Z_{\mathrm{II}} + \frac{p_{\mathrm{II}}}{\rho g} + \frac{\alpha_{\mathrm{II}} v_{\mathrm{II}}^2}{2g} \right) \tag{3-1}$$

式中　Z_{I}、Z_{II}——断面 I—I 和 II—II 处相对于某基准的位置高度，m；

P_{I}、P_{II}——断面 I—I 和 II—II 处的流体压强，Pa；

v_{I}、v_{II}——断面 I—I 和 II—II 处过流断面的平均流速，m/s；

α_{I}、α_{II}——断面 I—I 和 II—II 处过流断面的速度分布不均匀系数；

ρ——水的密度，kg/m³；

g——重力加速度。

净水头 H 又可表示为：

$$H = H_{\mathrm{g}} - \Delta h_{\mathrm{A-I}} \tag{3-2}$$

式中　H_{g}——水电站水头（毛水头）；

$\Delta h_{\mathrm{A-I}}$——水电站引水建筑物中的水力损失。

毛水头是水电站上、下游水位的高程差，用符号 H_{g} 表示，单位为 m。

（二）额定水头 H_{r}

额定水头是水轮机在额定转速下输出额定功率时的最小净水头，单位为 m。

（三）设计水头 H_{d}

设计水头是水轮机在最高效率点运行时的净水头，单位为 m。

（四）最大（最小）水头 $H_{\max}$（$H_{\min}$）

最大（最小）水头是在运行范围内水轮机水头的最大（最小）值，单位为 m。

（五）加权平均水头 H_{w}

加权平均水头是在电站运行范围内，考虑负荷和工作历时的水轮机水头的加权平均。

对于冲击式水轮机，以图3-3卧轴水斗式水轮机为例，净水头 H 则为喷嘴进口断面与射流中心线（两者距离为 a）跟转轮节圆相切处单位质量水流机械能之差，即

$$H = \left(Z_{\mathrm{I}} + a + \frac{p_{\mathrm{I}}}{\rho g} + \frac{\alpha_{\mathrm{I}} v_{\mathrm{I}}^2}{2g} \right) - Z_{\mathrm{II}} \tag{3-3}$$

二、水轮机流量 Q

水轮机流量是单位时间内通过水轮机进口测量断面的水的体积，用符号 Q 表示，单

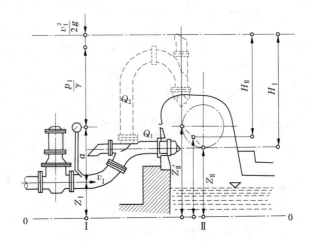

图 3-3　卧轴水斗式水轮机水头

位为 m^3/s。即

$$Q = Fv \tag{3-4}$$

式中　F——水轮机过水断面面积，m^2；

　　　　v——过水断面平均流速，m/s。

（一）额定流量 Q_r

额定流量是水轮机在额定水头、额定转速下输出额定功率时的流量，单位为 m^3/s。

（二）水轮机空载流量 Q

水轮机空载流量是水轮机在额定水头和额定转速下输出功率为零时的流量，单位为 m^3/s。

三、水轮机功率 P

（一）水轮机输入功率 P_{in}

水轮机输入功率是水轮机进口水流所具有的水力功率，单位为 kW 或 MW。

$$P_{in} = \rho g Q H = 9.81 Q H \; (kW) \tag{3-5}$$

（二）水轮机输出功率 P_{out}

水轮机输出功率是水轮机主轴输出的机械功率，单位为 kW 或 MW。

由于水流在通过水轮机时会产生一部分损耗，包括容积损失、水力损失和机械损失，因此水轮机的输入功率 P_{in} 要小于水轮机的输出功率 P_{out}，两者关系为：

$$P_{out} = \eta P_{in} = 9.81 Q H \eta \; (kW) \tag{3-6}$$

式中　η——水轮机效率，小于 1。

（三）额定输出功率 P_r

额定输出功率是在额定水头和额定转速下水轮机能连续发出的功率，单位为 kW 或 MW。

四、水轮机效率 η

水轮机效率是水轮机输出功率与其输入功率的比值。它表示水流能量的有效利用程

度,即

$$\eta = \frac{P_{out}}{P_{in}} \tag{3-7}$$

水轮机的效率与设计、制造工艺及运行工况有关。对于某水轮机而言,在最优运行工况时水轮机效率最高,水轮机各效率中的最大值即最优效率。目前,水轮机效率最高可达93% ~96%。

五、水轮机转速 n

水轮机转速是指水轮机转轮单位时间内旋转的圈数,用符号 n 表示,单位为 r/min。

额定转速 n_r 是水轮发电机组按电站设计选定的稳态同步转速。

水轮机的旋转方向是从发电机轴端看到的转轮的旋转方向。贯流式水轮机则从上游向下游方向看。水泵水轮机的旋转方向取水轮机工况的旋转方向。

第二节 水轮机的类型及应用

一、水轮机基本类型

水轮机属于水力机械中的一种,即水力原动机。不同的水头和流量,所适用的水轮机型式与种类也不一样。现代水轮机按水能利用的特征分为两大类,即反击式水轮机和冲击式水轮机,见表3-1。

表3-1 水轮机型式及适用范围

类型	型式		适用水头(m)
反击式	混流式		25 ~ 700
	轴流式	轴流转桨式	3 ~ 80
		轴流调桨式、定桨式	3 ~ 50
	斜流式		40 ~ 120
	贯流式	贯流转桨式	<20
		贯流调桨式	
		贯流定桨式	
冲击式	水斗式(切击式)		100 ~ 2 000
	斜击式		20 ~ 300
	双击式		5 ~ 150

(一)反击式水轮机

转轮利用水流的压能和动能做功的水轮机是反击式水轮机。在反击式水轮机流道中,水流是有压的,水流充满水轮机的整个流道,从转轮进口至出口,水流压力逐渐降低。

水流通过与叶片的相互作用使转轮转动,从而把水流能量传递给转轮。为减少水流与叶片相互作用时的能量损失,反击式水轮机的叶片断面多是空气动力翼形形状。反击式水轮机根据其适应的水头和流量的不同,又分为混流式、轴流式、斜流式和贯流式四种型式。

(二)冲击式水轮机

转轮只利用水流动能做功的水轮机是冲击式水轮机。冲击式水轮机的明显特征是:水流在进入转轮区域之前,先经过喷嘴形成自由射流,将压能转变为动能,自由射流以动能形式冲动转轮旋转,故称为冲击式。在冲击式水轮机流道中,水流沿流道流动过程中保持压力不变(等于大气压力),水流有与空气接触的自由表面,转轮只是部分进水,因此水流是不充满整个流道的。为适应于利用水流动能做功的需要,冲击式转轮叶片一般呈斗叶状。按射流冲击转轮叶片的方向不同可分为水斗式(切击式)、斜击式和双击式。

二、各类型水轮机特点及应用范围

(一)混流式水轮机

混流式水轮机是指轴面水流径向流入、轴向流出转轮的反击式水轮机,又称法兰西斯式水轮机或轴向轴流式水轮(见图3-4)。最早发明这种水轮机的是1847年在美国工作的英国工程师法兰西斯。

混流式水轮机为固定叶片式水轮机,混流式转轮由上冠、叶片、下环连成一个整体。因此,其结构简单,具有较高的强度,运行可靠,效率高,应用水头范围广,一般用于中高水头水电站,大中型混流式水轮机应用水头范围为30~450 m。可逆混流式水轮机(转轮为主动时可当水泵用)应用水头高达700 m。中小型混流式水轮机的适用水头范围为25~300 m。

(二)轴流式水轮机

轴流式水轮机是指轴面水流轴向进、出转轮的反击式水轮机(见图3-5)。其转轮形似螺旋桨,水流在转轮区域是轴向流进、轴向流出的。根据叶片在运行中能否相对转轮体自动调节角度,又分为轴流转桨式、轴流调桨式和轴流定桨式。

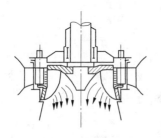
图3-4　混流式水轮机

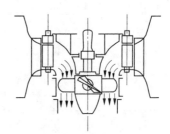
图3-5　轴流式水轮机

(1)轴流转桨式水轮机。轴流转桨式水轮机是指转轮叶片可与导叶协联调节的轴流式水轮机,又称卡普兰式水轮机。其转轮叶片可以根据运行条件调整到不同角度,转轮叶片角度在不同水头下与导水叶开度都保持着相应的协联关系,实现了导水叶与转轮叶片双重调节,扩大了高效率区的范围,使水轮机有较好的运行稳定性。但它需要一套转动叶片的操作机构,因此结构较复杂,造价高。轴流转桨式水轮机主要用于大中型水电站,应用水头范围在 3 ~ 80 m。

（2）轴流调桨式水轮机。轴流调桨式水轮机是指仅转轮叶片可调节的轴流式水轮机，又称托马式水轮机。

（3）轴流定桨式水轮机。轴流定桨式水轮机是指转轮叶片不可调的（或停机可调的）轴流式水轮机。其转轮叶片相对转轮体是固定不动的，其出力仅仅依靠导水叶来调节，结构简单，造价低，但在偏离最优工况时效率会急剧下降。因此，其一般用于功率及水头变幅较小的小型水电站，应用水头通常为 3 ~ 50 m。

（三）斜流式水轮机

斜流式水轮机是指轴面水流以倾斜于主轴的方向进、出转轮的反击式水轮机（见图3-6）。其转轮在结构与性能方面介于轴流式与混流式之间。斜流式转轮也可分为转桨式和定桨式，一般是转桨式。与轴流转桨式类似，斜流式水轮机的转轮叶片在运行中一般也可以改变角度，从而实现双重调节，但结构复杂，制造难度大。斜流式水轮机有较宽的高效率区，常用于抽水蓄能式水电站，作为水泵水轮机使用。这种水轮机的应用水头为40 ~ 120 m。

（四）贯流式水轮机

贯流式水轮机是指过流通道呈直线（或 S 形）布置的轴流式水轮机（见图3-7）。贯流式水轮机为卧轴布置，进水管、转轮室与尾水管为同一中心线，水流在整个水轮机流道中"直贯"而过，故称为贯流式。这种水轮机水力损失小，过流能力大，适用于水头为 2 ~ 20 m 的低水头水电站。

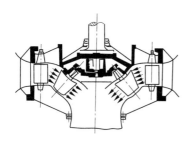

图3-6　斜流式水轮机

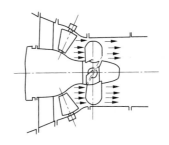

图3-7　贯流式水轮机

贯流式水轮机的转轮与轴流式水轮机相同，只是流道形式有区别。贯流式转轮也可分为贯流转桨式、贯流调桨式和贯流定桨式。此外，根据流道布置形式的不同，又分为全贯流式与半贯流式。贯流式水轮机转轮可设计成双向流动方式在潮汐电站中使用。

（五）水斗式水轮机

水斗式水轮机是指转轮叶片呈斗形，且射流中心线与转轮节圆相切的冲击式水轮机，又称贝尔顿水轮机，或称切击式水轮机（见图3-8）。它靠从喷嘴出来的射流沿转轮切线方向冲击转轮而做功，因此称为切击式。这种水轮机的叶片如勺状水斗，均匀排列在转轮的轮辐外周，故又称为水斗式。水斗式水轮机适用于高水头小流量的水电站。小型水斗式水轮机的应用水头为 40 ~ 250 m，大型水斗式水轮机用于 200 ~ 450 m 水头的电站，目前最高应用水头达 1 772 m。

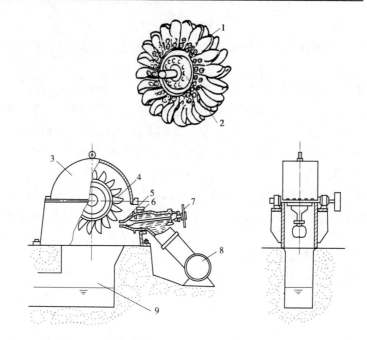

1—水斗;2、4—转轮;3—机壳;5—喷嘴;6—针阀;7—调速手轮;8—压力水管;9—尾水管

图3-8　水斗式水轮机

(六)斜击式水轮机

斜击式水轮机是指转轮叶片呈碗形,且射流中心线与转轮转动平面呈斜射角度的冲击式水轮机(见图3-9)。它靠从喷嘴出来的射流以一定角度(一般约22.5°)斜向冲击转轮叶片做功。它的结构简单,造价低,一般用于中小型水电站中,适用水头为25～300 m。

(七)双击式水轮机

双击式水轮机是指转轮叶片呈圆柱形布置,水流穿过转轮两次作用到转轮叶片上的冲击式水轮机(见图3-10)。其特点是喷嘴出来的射流首先从转轮的外周进入部分叶片流道,并将约80%的水流能量传递给转轮,然后,这部分水流再从转轮内部二次进入另一部分叶片流道,将剩余的能量传递给转轮。由于水流两次冲击转轮叶片,称之为双击式。它结构简单,制造方便,但效率低,一般用于小型水电站,适用水头为5～150 m。

(八)水泵水轮机

水泵水轮机是指既可作水轮机运行,又可作蓄能泵运行的水力机械,亦称可逆式水轮机。同一水轮机,既可作为水轮机运行,又能作为水泵运行,工作状态具有可逆性。这种水轮机的转轮兼有水轮机和水泵的特点,当它在水泵工况和水轮机工况运行时旋转方向相反,而且水流方向相反。可逆式水轮机用在抽水蓄能电站,调节电力系统的峰谷差。在用电低谷时,它消耗系统电能作水泵运行,将下游水池的水抽到上游水库。在用电高峰时,将上游水库的池水放下,它作为水轮机运行向系统输送电力。可逆式水轮机分混流式、斜流式和轴流式。混流式的应用水头为50～700 m;斜流式的应用水头为20～200 m;轴流式的应用水头为15～40 m。

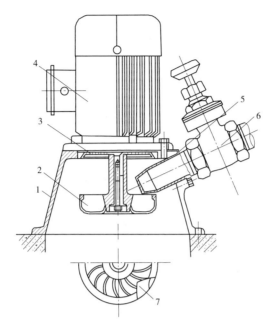

1—机壳；2—转轮；3—挡水盘；4—发动机；5、7—喷嘴；6—进水调节阀

图 3-9　斜击式水轮机

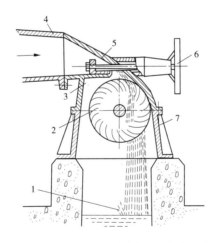

1—尾水渠；2—转轮；3—调节闸板；4—压力水管；5—喷嘴；6—调速手轮；7—机壳

图 3-10　双击式水轮机

第三节　水轮机的型号及装置方式

一、水轮机的型号

(一)水轮机型号的编制方法

现在我国水轮机型号的编制依照《水轮机型号编制方法》(JB/T 9579—1999)。

　　水轮机产品型号由三部分代号组成,各部分之间用"—"(其长度相当于一个汉字宽)分开。

　　水轮机型号排列顺序如下:

　　型号的第一部分由水轮机型式和转轮的代号组成。水轮机型式用汉语拼音字母表示,其代号规定见表3-2。

表3-2　水轮机型式的代号

水轮机型式	代号	水轮机型式	代号
混流式	HL	贯流调桨式	GT
斜流式	XL	贯流定桨式	GD
轴流转桨式	ZZ	冲击(水斗)式	CJ
轴流调桨式	ZT	斜击式	XJ
轴流定桨式	ZD	双击式	SJ
贯流转桨式	GZ		

　　水泵水轮机在水轮机型式代号后增加汉语拼音字母"B"。转轮代号采用水轮机比转速(代号统一由归口单位编制)或转轮代号(由制造厂自行编号)表示,用阿拉伯数字表示。

　　型号的第二部分由水轮机的主轴布置形式和结构特征的代号组成,用汉语拼音字母表示,其代号规定见表3-3。

表3-3　主轴布置形式和结构特征的代号

名称	代号	名称	代号
立轴	L	罐式	G
卧轴	W	全贯流式	Q
金属蜗壳	J	灯泡式	P
混凝土蜗壳	H	竖井式	S
明槽式	M	虹吸式	X
有压明槽式	My	轴伸式	Z

注:主轴非垂直布置形式均用"W"表示。

　　型号的第三部分由水轮机转轮直径 D_1(以 cm 表示)或转轮直径和其他参数组成,用阿拉伯数字表示。对于水斗式或斜击式水轮机,表示为转轮直径/喷嘴数目×射流直径;

对于双击式水轮机,表示为转轮直径/射流宽度。

(二)水轮机转轮公称直径

据《电工术语　水轮机、蓄能泵和水泵水轮机》(GB/T 2900.45—1996),转轮公称直径 D_1 的规定,如图3-11所示。

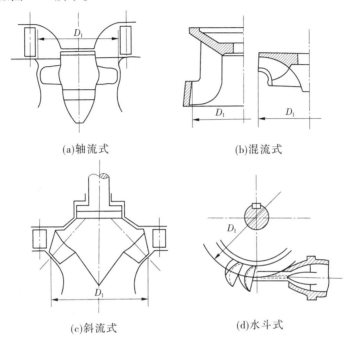

(a)轴流式　　　　(b)混流式

(c)斜流式　　　　(d)水斗式

图3-11　各种水轮机转轮的标称直径

对于混流式水轮机,转轮公称直径是指叶片出水边与下环相交处的直径。

对于离心式蓄能泵,转轮公称直径是指叶轮前盖板进口直径。

对于轴流、斜流和贯流式水轮机(轴流蓄能泵和斜流蓄能泵),转轮公称直径是指与叶片轴线相交处的转轮室内径。

对于水斗式水轮机,转轮公称直径是指转轮节圆直径。

为了水轮机设计制造上的便利,对水轮机转轮公称直径尺寸系列(cm)规定为:25,30,35,42(40),50,60,71,84(80),100,120,140,160,180,200,225,250,275,300,380,410,450,500,550,600(以下按每50 cm进级)……上述带括号的直径仅用于轴流式水轮机。实际上,对于大型或巨型水轮机的转轮直径,常考虑机组额定出力、机组的优化运行等条件,有时不严格按系列值确定转轮直径。

(三)水轮机型号示例

【例3-1】 HL220/A153－WJ－84:表示新入谱转轮型号,转轮代号为220、转轮研制单位的轮转编号为A153、卧轴、金属蜗壳的混流式水轮机,转轮直径为84 cm。

【例3-2】 ZZ560－LH－1130:表示转轮代号为560、立轴、混凝土蜗壳的轴流转桨式水轮机,转轮直径为1 130 cm。

【例3-3】 XLB200－LJ－300:表示转轮代号为200、立轴、金属蜗壳的斜流式水泵水轮机,转轮直径为 300 cm。

【例3-4】 GD800 - WP - 250:表示转轮代号为800、卧轴、灯泡贯流定桨式水轮机,转轮直径为 250 cm。

【例3-5】 CJ22 - W - 120/2 × 10:表示转轮代号为22、卧轴、两喷嘴冲击(水斗)式水轮机,转轮直径为 120 cm,设计射流直径为 10 cm。

【例3-6】 SJ40 - W - 50/40:表示转轮代号为40、卧轴、双击式水轮机,转轮直径为 50 cm,转轮宽度为 40 cm。

二、水轮机的装置方式

在水电站中,水轮机和发电机通过轴连接在一起,共同组成水轮发电机组,简称机组。机组是指用于发电或抽水蓄能的水力机械和电机的组合装置。

一般所说的水轮机的装置方式,是指水轮机轴的装置方向和机组的连接方式。水轮机轴的装置方式通常分为立轴、卧轴和斜轴。主轴竖装者称为立轴装置,主轴横装者称为卧轴装置,而主轴倾斜装者称为斜轴装置。可见,立式、卧式和倾斜式机组是指主轴呈铅直、水平和倾斜布置的机组,其中立式和卧式机组较为常用。

(一)立轴装置方式

此种装置方式为水轮机轴与发电机轴在同一垂直平面内。其优点是:安装、拆卸方便,轴与轴承受力情况良好,发电机安装位置较高,不易受潮,管理维护方便;其缺点是:负载比较集中,水下部分深度增加,因而土建投资大。立轴装置方式多应用在大中型水轮机中。

在立轴装置方式中按轴的连接方式不同,又分为直接连接和间接连接。由于立轴直接连接的方式不需装设复杂的传动装置,机械损失小,传动效率高,运行维护方便,因此机组尽可能采用直接连接方式,特别是大中型水轮机应用最为普遍。立轴间接连接方式主要应用在农村小型水电站,因水轮机转速较低,而发电机的转速一般较高,无法直接连接,在这种情况下,就必须采用间接连接。

(二)卧轴装置方式

卧轴装置方式因机组支承面积较大,故不致产生很大的集中载荷,厂房高度较低,但轴和轴承受力情况不好。目前,在我国水斗式水轮机、贯流式水轮机和小型混流式水轮机多采用卧轴装置方式。

卧轴直接连接的方式主要应用于大中型水斗式水轮机、贯流式水轮机和中小型混流式水轮机;卧轴间接连接的方式与立式间接连接的方式一样,主要应用于农村小型水电站。

第四章　混流式水轮机

第一节　混流式水轮机概述

混流式水轮机又称法兰西斯式水轮机，是目前应用最广泛的一种水轮机。其之所以被称为混流式，是因为水流在转轮中的流动过程是辐向进轴向出。大中型混流式水轮机一般为立式装置，小型为卧式装置。立式装置有利于尾水管的布置，也便于机组的安装和检修，可减小厂房的平面尺寸。大型混流式水轮机适用于水头 20~700 m，单机容量已由几十千瓦发展到几十万千瓦。

由于它结构简单，制造安装比较方便，运行稳定，工作可靠，效率较高，气蚀系数较小，因而是近代大中型水电站使用最广泛的一种水轮机。

混流式水轮机属于反击式水轮机、中小型混流式水轮机，其适用水头一般为 20~700 m。与其他型式的水轮机相比，当运行条件相同时，混流式的能量特性比水斗式好，而抗气蚀性能比轴流式强，额定负荷时效率高。

我国已投入运行的三峡水电站是世界上最大的水电站，三峡水电站所装机的机组为混流式水轮发电机组，总装机容量为 2 250 万 kW，最大单机容量为 70 万 kW，最大转轮直径 10.24 m。溪洛渡水电站是我国第二大水电站、世界第三大水电站，总装机容量 1 260 万 kW，最大单机容量 77 万 kW，最大转轮直径 7.53 m。

水轮机通流部件相互位置关系大致如下：蜗壳位于最外层，从四周包围着座环，并与座环的上下环相连接。座环上下环间均布着能承重的固定导叶。顶盖放置在座环的上环内法兰上，底环放置在下环法兰上。顶盖和底环上下相对构成环形过流通道。通道内均匀布着若干个活动导叶以调节流量。活动导叶下轴颈放置在底环预留的轴孔中，活动导叶上半段轴穿过顶盖预留轴孔，与顶盖上面导叶传动机构相连接。座环下端通过基础环与尾水管上端相连接。顶盖之下，尾水管之上是转轮，转轮四周被活动导叶所包围。

除通流部件外，还有主轴、导轴承和导水机构等其他部件。主轴的下端与转轮相连，上端与发电机相连，它把水轮机和发电机转子联结成水轮发电机组转动部分整体。在顶盖上设置轴承座，其上装有水轮机导轴承，包在主轴外面，给水轮机转动部分轴心线定位。在顶盖中心轴孔与主轴的间隙处，设有密封装置，防止间隙大量漏水淹没导轴承。在顶盖上放置着导叶传动操纵机构，接力器推拉杆操纵控制环，控制环、连杆、导叶臂、导叶轴之间依次相连，使导叶动作。

混流式水轮机各台机的具体结构型式，由于单机应用水头、单机容量、电站布置方式和制造厂风格等多种因素的影响，与上面所述会有不同程度的差异，但都有把水能转化为机械能的引水、导水、工作和泄水等四大基本部件。以上只是大致说明混流式水轮机的总的构成。混流式水轮机结构图和立式混流式水轮机剖面图如图 4-1、图 4-2 所示。

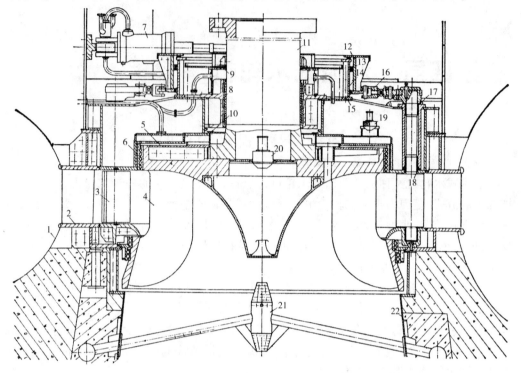

1—蜗壳;2—座环;3—导叶;4—转轮;5—减压装置;6—止漏环;7—接力器;8—导轴承;
9—平板密封;10—抬机密封;11—主轴;12—控制环;13—抗磨板;14—支持环;15—顶盖;16—导叶传动机构;
17—导叶轴套;18—导叶密封;19—真空破坏阀;20—吸力式空气阀;21—十字补气架;22—尾水管里衬

图 4-1　立式混流式水轮机结构图

第二节　混流式水轮机引水室

压力钢管引进的水流首先进入水轮机室,其主要作用是使引进的水流以尽可能小的水头损失且较均匀地从四周进入水轮机的转轮。水轮机室有开敞式和封闭式两种。大中型反击式水轮机一般采用封闭式水轮机室,极个别的小型水电厂才采用开敞式水轮机室。封闭式水轮机室其外形呈现为蜗壳形状,所以也称为蜗壳。蜗壳的断面随着流量的不断减少而减小。为适用不同高低的水头,蜗壳又分为金属蜗壳和混凝土蜗壳两种。金属蜗壳适用于高中水头,混凝土蜗壳适用于低水头。金属蜗壳将导水机构全部包围,故又称完全蜗壳。而混凝土蜗壳只包围部分导水机构,故又称非完全蜗壳。

引水室位于混流式水轮机的最外层,混流式水轮机最常用的引水室是金属蜗壳。所谓蜗壳,实际上是外形很像蜗牛的外壳,所以通称为蜗壳。蜗壳在外,座环在内。蜗壳径向断面的形状,从进口断面开始,为沿蜗线不断收缩的圆形和椭圆形。它的包角在 345°～360°。在蜗壳上开有进入孔,直径一般为 600 mm,装有进入门,采用橡皮板密封。下面介绍蜗壳和座环的结构。

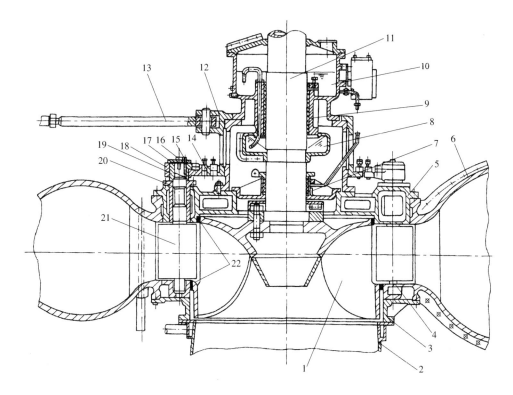

1—转轮;2—尾水管里衬;3—基础环;4—座环;5—顶盖;6—金属蜗壳;7—主轴密封;
8—转动油盆;9—轴承体;10—上油箱;11—主轴;12—控制环;13—推拉杆;14—剪断销;15—分半键;
16—调节螺钉;17—压盖;18—连杆;19—导叶臂;20—套筒;21—活动导叶;22—止漏环

图 4-2 立式混流式水轮机剖面图

一、金属蜗壳

从制造工艺分,金属蜗壳可分为铸造蜗壳和焊接蜗壳两类。

(一) 铸造蜗壳

铸造蜗壳把蜗壳和座环整体铸造。铸造蜗壳又可分为铸铁和铸钢两种。铸铁蜗壳适用于工作水头小于 200 m 的小水电站。铸钢蜗壳又可分为整体铸造和分瓣铸造两种,当受铸造能力或运输条件限制时,可分两瓣或四瓣制造,用螺栓连接。在 X、Y 方向分成四瓣铸造的蜗壳。铸造蜗壳在工地组装后,要进行水压试验。试验时间为 20 min,试验压力按设计标准选择。

(二) 焊接蜗壳

焊接蜗壳如图 4-3 所示。它的座环通常与蜗壳分开制造,然后运到工地组焊。蜗壳径向断面从圆形逐渐过渡到椭圆形,按转轮直径 D_1 的大小,通常可分为 18~35 节。考虑到制造误差和运输途中的变形,在蜗壳的-X、Y 方向要留有 1~2 节凑合节。焊缝坡口用 X 形或 V 形,焊缝要相互错开,避免十字形缝相交焊接。

随着装机容量的扩大,使用水头的提高,蜗壳尺寸越来越大,使用钢板越来越厚,为避免卷制厚钢板,制造蜗壳的材料由普通钢板改用焊接性能好的低合金钢板和高强度抗撕

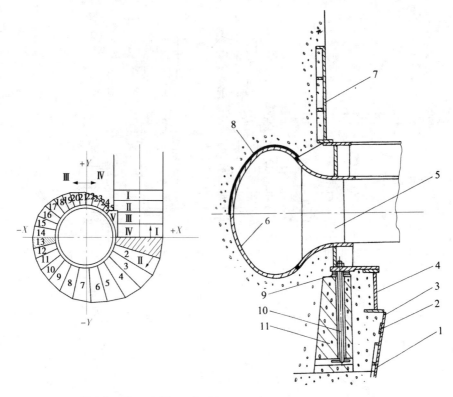

1—尾水管里衬；2—围带；3—锥形段；4—基础环；5—座环；6—金属蜗壳；
7—机坑里衬；8—弹性层；9—楔子板；10—地脚螺栓；11—支墩

图 4-3　立式混流式水轮机的埋设部分

裂钢板,钢板的压制方向与半径方向相同。

蜗壳的壁厚远小于断面尺寸,属薄壁结构,刚性差,不能承受使其压扁的外载荷。过去常把蜗壳上部敞开,不浇在混凝土内。对全部埋入混凝土的蜗壳,做大比例尺模型试验,研究蜗壳与混凝土联合受力,证明它们联合受力可大幅度降低蜗壳应力,故可减薄蜗壳钢板厚度,为巨型水轮机制造蜗壳,找到了避免卷制厚钢板的出路。随着焊接技术的进步,焊接蜗壳应用得越来越广泛。

二、座环

座环位于蜗壳的内圈,导水机构的外圈。座环是由上环、固定导叶和下环组合成的支座体。它们分别制造,然后组焊成型。整体座环图,如图4-4所示。

图 4-4　整体座环图

(一) 座环的作用

(1)座环是水轮机的承重部件,它要承受整个机组固定部分和转动部分的重量,水轮机的轴向水推力和蜗壳顶上一部分混凝土重量,并将其传递到水电站厂房的基础上。因此,它要有足够的强度和刚度。

（2）座环又是通流部件,固定导叶要设计成流线型,合理配置安放角,以保证水流均匀轴对称地流入导水机构,同时尽量减少水力损失。

（3）座环是混流式水轮机安装基准件,所以在安装过程中要有足够的精度。

（二）座环的结构形式

（1）带蝶形边座环,如图 4-5 所示。所谓蝶形边,就是模压成型的圆锥形钢板。以 55°锥角焊接在座环的上下环上面。蜗壳的锥节再与蝶形边组焊,连接成完整的蜗壳。蝶形边与上下环连接处要圆滑过渡并加筋板,以加强该处的强度和刚度,并防止应力集中。带蝶形边座环水力性能好,是使用最广泛的传统结构形式。但这种结构在蝶形边处受力情况不好,蝶形边模压工艺复杂,在大型机组上应用得较少。

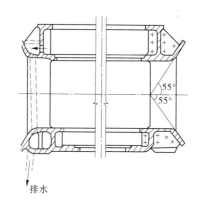

图 4-5　带蝶形边座环

（2）带导流弧箱形座环,如图 4-6 所示。座环的上下环采用箱形结构,环的外圆焊有圆形导流板,以改善进口绕流条件。

这种结构受力性能好,便于组焊,但为封闭焊缝,工艺处理不当时易产生裂纹。当导流弧足够大时,水力效率与带蝶形边座环相仿。这种结构可在大型机组上使用。带导流弧式座环,上下环为三角形结构,三角形结构较箱形结构简单,焊接工作量也较少,受力情况也合理。

（3）平行板式座环,如图 4-7 所示。平行板式座环为结构最简单的座环,由上下两块环形厚平板和固定导叶组成。蜗壳钢板直接焊接在上下环板上,水流作用中心正好在固定导叶形心上。

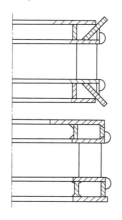

图 4-6　箱形座环

图 4-7　平行板式座环

以上几种结构形式的座环,根据设备能力和运输条件,可分瓣制造,在工地组合,也可整体制造和运输。

三、基础环

基础环是混流式水轮机中座环与尾水管进口锥管段相连接的基础部件,埋设于混凝土内。基础环与尾水管的连接,可用焊接方法或法兰盘螺栓连接。基础环的示意图,如图4-8所示。对于尺寸较小的机组,座环和基础环也可整体制造,如图4-9所示。

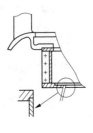

图4-8　基础环

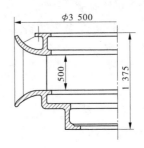

图4-9　整体座环

第三节　混流式水轮机导水机构

混流式水轮机导水机构位于蜗壳座环的内圈,它由顶盖、底环、导叶、导叶臂、连杆、控制环和接力器等部件组成,如图4-10所示。

顶盖放置在座环的上环,底环放置在座环的下环,它们相互用法兰盘螺栓连接。顶盖与底环之间的过流通道中,放置导叶。在顶盖底环与主轴同心的圆周上,均匀布置着与导叶相等的轴孔。导叶下轴颈直接安装在底环对应孔中。顶盖孔中装有套筒,导叶上轴颈穿过对应套筒轴孔与布置在顶盖上面的导叶臂相连接。当调速器控制的接力器活塞动作时,通过控制环、连杆、导叶臂等传动机构传动,使导叶改变开度,达到调节流量的目的。

一、导叶

导叶由导叶体和导叶轴两部分组成。导叶的断面形状为翼形。为减轻导叶重量,常做成中空导叶,壁厚由强度计算或铸造工艺可行性确定。铸造导叶表面粗糙,或有铸造缺陷,须经过加工处理达到要求。焊接导叶,先把钢板成型后焊合,再与导叶轴焊成一体。导叶轴颈通常比连接处的导叶体厚度大,在连接处采取均匀圆滑过渡形状以避免应力集中。导叶外形图和开度图如图4-11、图4-12所示。其中,导叶开度图中圆的直径 a 为导叶开度大小。

对高水头多泥沙电站,为防止导叶上下端面与顶盖、底环相对应间隙处的磨蚀,某引进机组采用偏心大轴颈导叶。在上下端面附近,比导叶厚度大得多的大轴颈全部偏置于靠近底环一边的高压水流侧,使靠近转轮一边的低压水流侧导叶型线平滑。这样,减少了低压侧水流的脱流和旋涡。又由于大轴颈的影响,减少了沿导叶弦长方向端面间隙的长度,可减轻端面间隙磨蚀总量;大轴颈又使轴颈附近沿端面间隙漏水的路程增加,使漏水速度和漏水量有所下降,以减轻端面间隙过流面的磨蚀量。

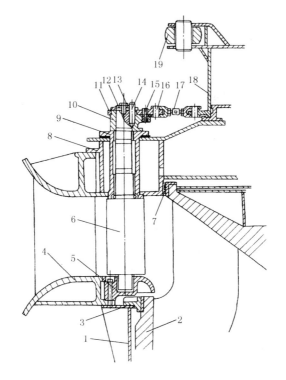

1—基础环;2—转轮;3—下部固定止漏环;4—座环;5—底环;6—活动导叶;
7—上部固定止漏环;8—顶盖;9—套筒;10—导叶臂;11—连板;12—压盖;13—调节螺钉;
14—分瓣键;15—剪断销;16—圆柱销;17—连杆;18—控制环;19—推拉杆

图4-10 导水机构

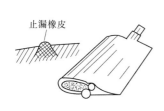

图4-11 导叶外形图

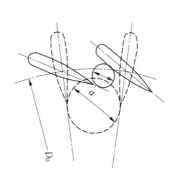

图4-12 导叶开度图

二、导叶轴承

大中型水轮机导叶受力较大,常采用三支点轴颈结构,对应上、中轴承的轴套装在套筒内,套筒则安装在顶盖预留的轴孔中,下轴套直接安装在底环轴孔内。

上、中轴套使用同一个套筒称为整体套筒(见图4-13),分别使用套筒称为分段套筒(见图4-14)。分段套筒要求顶盖上、中轴孔同轴精度较高,可在大型机组上使用。轴套材料,老机组多数采用锡青铜铸造,黄干油润滑,这种结构已逐步淘汰。现广泛采用具有

自润滑性能的工程的塑料,如聚甲醛、尼龙 1010、聚四氟乙烯等,制成弹性钢背尼龙复合瓦,运行中不需加润滑油脂,并改善了轴承受力性能。

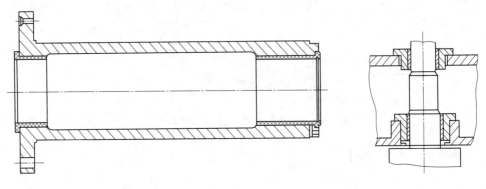

图 4-13　整体套筒　　　　　　　　　　　　图 4-14　分段套筒

　　为防止导叶轴颈漏水,影响轴套润滑,在中轴套设置轴颈密封。密封装有 L 形橡胶密封圈(见图 4-15),在轴套和套筒开孔排水,形成内外压差,靠水压贴紧封水。为防止泥沙进入下轴套,在下轴套上端设 O 形橡皮圈密封(见图 4-16)。为防磨,有的结构在轴颈衬有不锈钢套,效果较好。

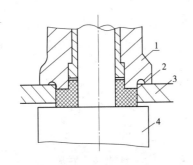
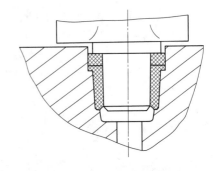

1—套筒;2—L 形密封圈;3—顶盖;4—导叶
图 4-15　L 形密封圈　　　　　　　　　图 4-16　O 形密封圈

　　高水头机组中,为防止导叶上浮力超过导叶自重,保证导叶上端间隙,需加止推装置。在导叶臂上开槽,止推压板卡在槽中,止推压板用螺栓固定在导叶套筒法兰上,如图 4-17和图 4-18 所示。另一种形式的止推装置是在导叶套筒与导叶体上端面之间设止推环。

三、导叶传动机构及安全装置

(一)导叶传动机构

　　导叶传动机构由控制环、连杆和导叶臂三部件组成,用于传递接力器操作力矩,使导叶转动,调节水轮机流量。导叶传动机构动作原理图如图 4-19 所示。该机构常用形式有叉头式和耳柄式,如图 4-20、图 4-21 所示。其他形式有的采用平板式连杆,如图 4-22 所示。

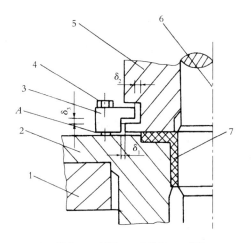

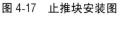

1—顶盖;2—套筒;3—止推块;4—螺钉;
5—导叶臂;6—导叶轴;7—上轴套
图 4-17　止推块安装图

图 4-18　止推块零件

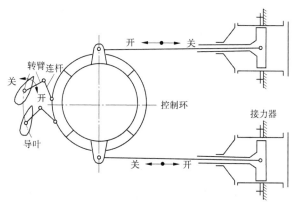

图 4-19　导叶传动机构动作原理图

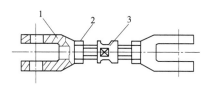

1—叉头;2—螺杆;3—调整螺母
图 4-20　叉头式连杆

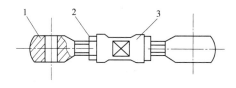

1—耳柄;2—螺母;3—旋套
图 4-21　耳柄式连杆

图 4-22　平板式连杆

叉头式传动机构如图4-23所示,叉头式连杆通过销轴,分别与控制环和连接板成铰连接,连接板与导叶臂(又称拐臂,见图4-24)用剪断销连成一体,导叶臂与导叶轴间装有分瓣键,分瓣键起传递力矩作用。叉头式传动机构受力情况较好,适用于大中型水轮机。

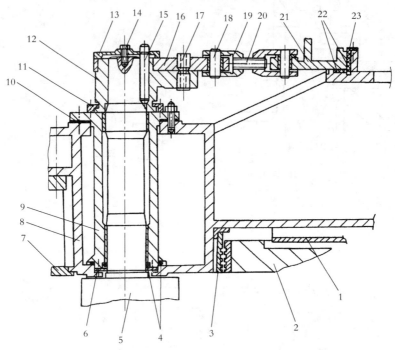

1—减压板;2—转轮;3—上止漏环;4—盘根;5—活动导叶;6—盘根压盖;7—座环;8—顶盖;9—套筒;
10—石棉垫板;11—止推块;12—导叶臂;13—压盖;14—调节螺钉;15—分瓣键;16—连板;17—剪断销;
18—圆柱销;19—叉头;20—双头螺栓;21—控制环;22—抗磨块;23—压盖

图 4-23　叉头式传动机构

耳柄式传动机构由耳柄和旋套构成耳柄式连杆,一端通过剪断销与导叶臂(见图4-25)连接,另一端通过连杆销与控制环相连。耳柄式结构较简单,但受力情况较叉头式差,适于中小型水轮机使用。

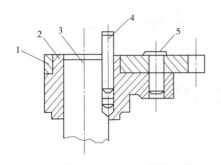

1—连接板;2—拐臂;3—导叶轴;4—分半键;5—剪断销

图 4-24　叉头用拐臂

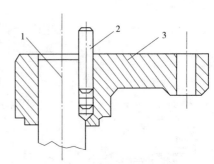

1—导叶轴;2—分瓣键;3—拐臂

图 4-25　耳柄用拐臂

控制环一端与连杆相连,另一端与接力器推拉杆连接(见图4-26)。控制环的结构形式与接力器布置形式紧密相关,有单耳式、双耳交叉式、双耳平行式和环形接力器直接相接的无耳式。控制环用整铸或钢板焊接方法制造。

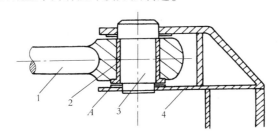

1—推拉杆;2—衬套;3—圆柱销;4—控制环

图 4-26 推拉杆连接

(二)导水机构安全装置

在运行中,当个别导叶被异物或因其他原因卡住时,装在导叶传动机构中的安全装置动作,将被卡导叶切除,避免因个别导叶被卡而损坏其他传动机构主要零部件。安全装置只介绍以下几种:

(1)剪断销、限位块装置。剪断销是我国目前用得最多的导水机构安全装置,如图 4-27所示。在剪断销上加工一个危险断面,在正常操作力作用下,剪断销能正常工作,当超过正常操作力 1.5 倍时,剪断销连同装在其中的信号装置在危险断面破断并发信号,被卡导叶从传动机构中解列。剪断销结构简单,更换方便,只是被解列导叶一旦被水冲动,在水力矩作用下旋转,会冲击其他导叶,可能造成剪断销连锁破断事故。因此,有的机组在顶盖上设置限位块,防止导叶发生正反向旋转而超出全关和最大可能开度的范围。

(2)偏心销和破断螺杆装置。在导叶臂和连接板间配偏心销代替剪断销,在连杆上装破断螺杆,更换破断螺杆时,可不改变导叶的立面间隙。

(3)易弯拐臂(见图 4-28)。当导叶被异物卡住时,操作力使易弯拐臂产生塑性变形并发出信号,被卡导叶虽被解列,使其他导叶仍能正常工作,但易弯拐臂未被破断,水力矩依旧不能冲动导叶而自由转动。易弯拐臂在杆上加工两个月牙形缺口,形成软弱易弯杆段。

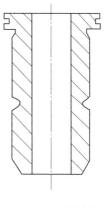

图 4-27 剪断销

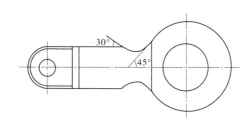

图 4-28 易弯拐臂

(4)导叶轴抱紧装置(见图 4-29)。导叶轴抱紧装置,抱紧环包在导叶轴上,外抱紧环紧贴在导叶臂内圈,断面为等腰梯形的开口形状上下斜块,上下对称放置在内外抱紧环之间,在上下斜块螺孔中分别车制正、反阴螺纹,调整螺栓相应配车正、反阳螺纹,使螺栓正、反转动时可调节上下斜块之间距离,从而调节内、外抱紧环与导叶轴和导叶臂的抱紧力。导叶臂转动时,靠内、外抱紧环的摩擦力传递操作力矩。通常整定抱紧环所产生的摩擦力矩为导叶最大操作力矩的1.5倍。当某导叶被卡时,抱紧力所产生的摩擦力矩操作不动该导叶,于是产生导叶轴与抱紧环的相对滑动,但该摩擦力矩仍大于导叶水力矩,被卡导叶轴顶端的凸轮与装在导叶臂上的信号开关发生错动,发出该导叶被卡的信号。为防止该装置失灵,在顶盖上仍须设导叶开度限位装置。

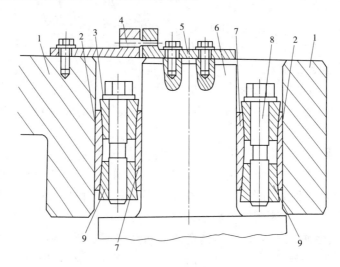

1—导叶臂;2—外抱紧环;3—上斜块;4—信号开关;5—凸轮;6—导叶;7—内抱紧环;8—调整螺栓;9—下斜块

图4-29　导叶轴抱紧装置

四、导水机构切断水流

当停机时,导叶首尾相接,切断水流。但导叶上下端面与顶盖、底环处存在着端面间隙,导叶首尾相接处会有立面间隙。这些间隙产生停机漏水损失;压气调相运行时,会产生漏气损失,还会产生间隙气蚀破坏。间隙较大漏水严重时,甚至可使机组停不下来。因此,须设法减小这些间隙。

(一)导水机构的立面间隙

对中低水头大中型水轮机的立面间隙,采用压嵌橡皮条的方式。用螺钉固定的压条将橡皮密封条压在导叶上。对高水头水轮机的立面间隙,加不锈钢保护层,提高导叶加工精度,进行精密研磨处理,以取得好的效果。

立面间隙的调整,则是通过导叶传动装置的补偿元件加以调整的。如耳柄式传动机构是通过旋套调整;叉头式传动机构的补偿元件是调整螺杆,或者现配偏心销轴。

(二)导水机构端面间隙密封

机组安装好后,由于充水受压、温度变化、厂房变形等复杂原因,使导叶端面间隙发生不均匀变化。为使导叶动作不卡,端面间隙不能过小,但又不能预留过大,一般中小型水轮机端面间隙不大于 0.5~0.6 mm,大型水轮机端面间隙不大于 1~1.5 mm。大中型水轮机在顶盖和底环的导叶布置圆周上,压嵌橡胶密封圈。

端面间隙的调整,是通过导叶轴顶部端盖上的调节螺钉,将导叶悬吊在端盖上,以保证导叶上下端面间隙符合要求。导叶 L 形密封如图 4-30 所示。

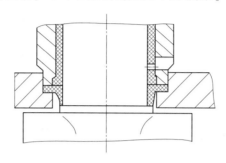

图 4-30　导叶 L 形密封

(三)圆筒阀截断水流

圆筒阀关闭时,圆筒形阀门置于固定导叶和活动导叶之间,将圆柱面形状的过流断面全部遮断。开启时,筒形阀门提升至顶盖内靠外侧的阀腔里。筒形阀门上端均布着六个油压接力器,用以升降筒阀。为使大直径薄壁筒阀在升降中不发生偏卡,在接力器上端装有同步链轮,在接力器布置圆周上,两相邻接力器之间布置一个传动链轮装置,传动链条顺次将它们各个相连成闭合环形,它们同步动作,使接力器死行程在规定范围之内。筒阀升降动作时,以座环固定导叶出水边为导轨。圆筒阀结构如图 4-31 所示。

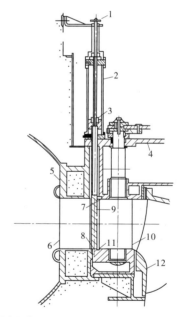

1—同步机构;2—接力器;3—滚动蜗杆副;4—顶盖;
5—座环;6—固定导叶;7—上密封;8—下密封;
9—针筒;10—活动导叶;11—底环;12—转轮
图 4-31　圆筒阀结构

五、接力器

导水机构的接力器形式很多,它们的基本工作原理相同,它们有共同的基本部件——接力器缸和活塞。活塞把接力器缸分成开启腔和关闭腔,调速器控制腔内油压变化,使活塞动作,达到操纵控制环的目的。

按接力器缸的形式,可分为直缸和环形缸两大类。直缸接力器中,又可分为单导管直缸型、双导管直缸型和摇摆式等型式。环形接力器又可分为活塞动和缸动两种。下面主要介绍单导管直缸接力器、摇摆式接力器和环形接力器等三种。

(一)单导管直缸接力器

单导管直缸接力器工作原理图如图 4-32 所示,接力器缸由前后缸盖、缸体组成。活塞将缸体分隔成 A、B 两腔,两腔缸体壁上分别开有油口。两个接力器的油口用管道对应相连。推拉杆穿过活塞导管,一端与活塞铰接,另一端与控制环铰接,活塞导管固定在活塞上,这种结构能满足推拉杆一端随活塞作平动,另一端可推动控制环作不大的圆周运动的要求。导管保证了推拉杆作摆动时缸盖不漏油。

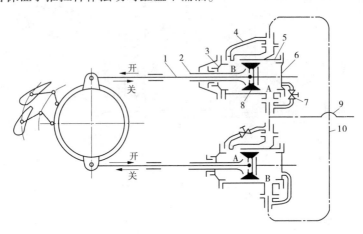

1—推拉杆;2—导管;3—前缸盖;4—连接管;5—缸体;6—后缸盖;7—节流阀;8—活塞;9、10—进、排油管

图 4-32　接力器工作原理图

当 B 腔油管通压力油时,A 腔油管同时接通排油,活塞推拉杆带动控制环向关机方向转动,再通过导叶传动机构使导叶关闭。若 B 腔通压力油,A 腔通排油,动作过程与上述相反。A、B 腔油路由调速器控制。

在紧急停机时,调速器使油大流量供给,A 腔通过油口 A 和节流阀大流量排油,接力器活塞向关机方向快速移动。当活塞逐渐移动到遮住出油口 A 时,A 腔只能通过节流阀排油,因排油不畅,活塞只能缓慢移动,从而避免了活塞因快速关机而撞击缸盖。

单导管直缸式接力器结构,接力器缸体 5 由铸铁或铸钢铸成,其两端壁上开有油孔,在其两侧装有前后缸盖 3 和 6,缸体内装有活塞 8 和推拉杆 1,活塞上固定着导管 2,导管套着推拉杆 1。活塞与推拉杆通过销轴连接,以便推拉杆能在导管内作小角度摆动。导管随活塞平动,以便前缸盖上设置盘根封油。活塞内的销轴轴套用自润滑尼龙制作。活塞与缸体间存在间隙,为阻止高压腔油穿过间隙漏向低压腔,活塞上装有铸铁活塞环。

在导水机构快速关闭时,为避免活塞与缸盖发生撞击,在活塞上装有三角形封油块,封油块与缸体油口相对应,当活塞接近全关位置时,封油块逐渐遮住部分出油口,形成排油节流,起缓冲作用。

推拉杆一般用 35 号钢制作,分为两段,中间用左右螺母连接,用以调整推拉杆长度,调好后用螺母锁紧。在推拉杆上固定有行程指针,用以指示接力器行程。推拉杆上还装有螺栓,当导叶全关时,此螺栓顶住联锁装置连杆,使联锁阀退出,保证锁锭闸落下,把接力器推拉杆锁在关闭位置,防止导叶被水冲开而自行开机。接力器压紧行程调整如图 4-33 所示。

(二) 摇摆式接力器

摇摆式接力器结构简单,安装检修方便,布置灵活(可布置在顶盖或机坑壁上),便于

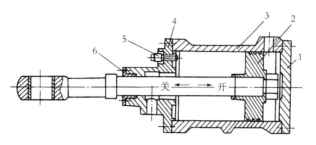

1—油缸盖;2—活塞;3—油缸;4—调节螺钉;5—密封盖;6—衬套

图 4-33　接力器压紧行程调整

土建施工,只是给油导管较直缸接力器复杂些,如图 4-34 所示。

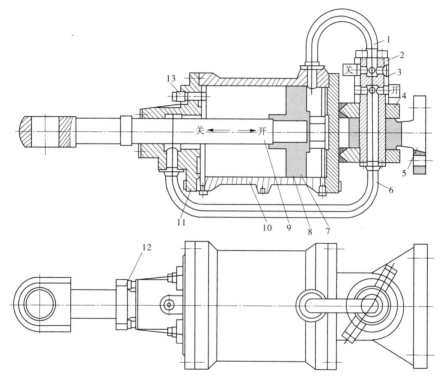

1—U 形管;2—配油套;3—销轴;4—后缸盖;5—固定支座;

6—门形管;7—活塞环;8—活塞;9—推拉杆;10—缸体;

11—前缸盖;12—特殊螺钉;13—限位螺钉

图 4-34　摇摆式接力器

摇摆式接力器动作时,缸体绕销轴摆动,故活塞推拉杆只须相对缸体做直线运动,便可达到推拉杆另一端随控制环做圆周运动的要求。推拉杆外面不须套导管,可直接固定在活塞上。活塞上装有活塞环,其作用与导管直缸接力器活塞环相同。接力器全行程的大小是借助于限位螺钉 13 和特殊螺钉 12 来控制的。当水轮机导叶在全开位置时,特殊螺钉与推拉杆 9 的凸台后平面正好接触;当导叶在全关位置时,限位螺钉与活塞端面相接触。

摇摆式接力器的给油、排油,是通过配油套、销轴、U 形管、门形管等结构实现的。接力器缸通过销轴与固定支座铰接,并使包括销轴在内的整个接力器(除固定支座在外)可绕固定支座做摇摆运动。配油套 2 的开、关两油腔与调速器配压阀对应油口相连接,固定不动。销轴的径向油孔与中央轴向油孔把配油套开、关油腔中的油引至销轴两端,分别被固定在缸体上的 U 形管、门形管引至缸体开、关两腔,U 形管、门形管随缸体与销轴同步摆动,给油问题得以解决。为防止销轴与配油套间隙漏油,装有三道 O 形密封圈。

接力器工作过程是,当开腔给油时,压力油经配油套进销轴下方门形油管,流入接力器开腔,接力器关腔的油经 U 形管流出配油套关腔而排油,使接力器打开。当关腔给油时,动作过程与上述相反。小型机组接力器如图 4-35 所示。

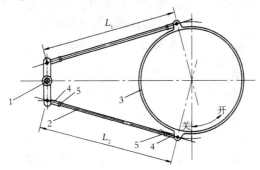

1—调速轴;2—推拉杆;3—控制环;4—连杆头;5—压紧螺母

图 4-35　小型机组接力器

(三)环形接力器

环形接力器工作原理图如图 4-36 所示,环形接力器的活塞直接与控制环相连,成为控制环的一部分。缸体则安装在顶盖上,固定不动。当调速器使 B 腔通压力油、A 腔通排油时,推动活塞及控制环向开机方向转动。当调速器使 A 腔通压力油、B 腔通排油时,环形接力器动作过程与上述相反。当 A、B 腔油不给不排时,控制环不动,水轮机带某负荷稳定运行。环形接力器结构紧凑,重量轻,可直接布置在顶盖上。缺点是加工复杂,提高加工精度较困难,漏油可能性大,故在我国应用较少。

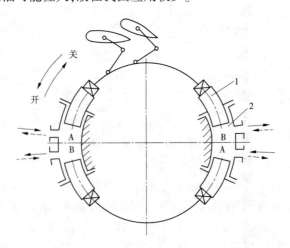

1—活塞;2—缸体

图 4-36　环形接力器工作原理图

第四节　混流式水轮机转动部分

混流式水轮机转轮位于整个水轮机的中心,其上端与主轴相连,为顶盖所盖,下有基础环,连接尾水管,四周为导叶所包围。正常工作时,转轮的重量通过主轴悬吊在发电机的推力轴承上;安装或检修时,转轮放在基础环上。

一、转轮的组成

混流式水轮机转轮由上冠、叶片、下环、止漏环、泄水锥和减压装置等组成。

(一)转轮上冠

上冠的外形与圆锥体相似,中间部分的上冠法兰与主轴相连,水面还装有减压装置、止漏环,下面中心处固定有泄水锥。叶片的上端与上冠固定。为便于和主轴连接,在上冠法兰上加工有若干个螺栓孔。通常上冠都开有中心孔,以便与主轴中心孔连通向转轮内补入空气,消除真空,改善受力条件,同时也减轻重量。在上冠的法兰外围开有数个减压孔,其目的在于将转轮前后的水连成通路,减小作用在转轮上的轴向水推力。上冠的主要作用是支撑叶片,并承受叶片传来的离心力,同时与下环构成过流通道。

(二)叶片

叶片位于上冠与下环之间,把它们连成转轮整体。叶片呈复杂空间扭曲状,断面形状为冀形。叶片数一般为 10~24 片,常用 10~18 片。水流与转轮间的能量转换,直接在叶片上进行,叶片的形状和数目直接影响转轮性能,尤其是对效率和气蚀的影响更大。

(三)下环

下环位于叶片下端,将叶片连成整体,以增加转轮的强度和刚度,承受叶片水流引起的张力。在下环的轮缘上,安装有转动下部止漏环,以减少转轮漏水损失。

(四)止漏环

水轮机转动部分和固定部分相邻处存在间隙。从间隙漏走的压力水造成一定的能量损失,故在间隙处安装止漏环,以尽量减少漏水损失。

通常把安装在固定部件上的止漏环,如安装在顶盖、底环或基础环上的称为固定止漏环,止漏环又称迷宫环,把转动环和固定环相配合的间隙做成忽大忽小,或成直角转向,从而增加水流前进阻力,达到减少漏水的目的。

(五)减压装置

减压装置的作用是减小转轮轴向水推力。转轮的轴向水推力由两部分组成:一是作用于转轮上冠和下环内表面水压力的轴向分力;二是作用于叶片正背面水压力的轴向分力。总的轴向水推力是这两部分轴向水推力的代数和。轴向水推力通过主轴传递给推力轴承承担。减轻轴向水推力的途径有两条:一是设减压装置,减少作用在上冠外表面的轴向水压力;二是设法增加作用于下环外表面的反向轴向水推力。

二、转轮的结构形式

由于转轮的应用水头和容量不同,它们的结构形式、制造方法和制作材料也有不同。

（一）模压—铸造结构

这种转轮的叶片是由钢板模压而成的,而上冠和下环由铸铁铸成,如图 4-37 所示。模压后的钢板叶片在铸造上冠和下环时放入模内浇铸成整体转轮。为了使钢板叶片和上冠以及下环能有良好的结合,叶片铸入的两端事先应加工成燕尾形切口。

模压铸造结构制造方便简单,但由于叶片和上冠下环的连接强度不高,以及叶片为等厚的钢板模压而成,水力损失较大,因而只用于低水头($H<30$ m)、小尺寸的转轮。

（二）整铸结构

整铸转轮如图 4-38 所示,这种结构形式应用比较广泛,由于上冠、叶片和下环是整体铸造而成的,所以能够保持转轮有足够的强度。整体铸造的转轮一般情况下常用中碳钢 ZG30 整铸,对水头较低的中小型转轮,可采用球墨铁或优质铸铁 HT20-40 整铸。对于高水头大尺寸的转轮,水流含砂量较多时,为提高转轮强度和抗磨、抗蚀能力,采用低合金钢或普通碳钢在叶片表面易气蚀、易磨损部位堆焊抗磨材料。

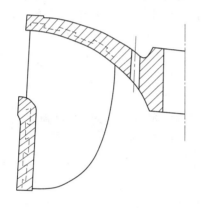 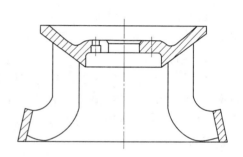

图 4-37　模压—铸造转轮　　　　　　　　　图 4-38　整铸转轮

尺寸较小的整铸转轮具有缩短生产周期、降低成本、保证足够的强度等优点;但当尺寸较大时,需要的铸造设备能力也大,特别是当尺寸 $D_1>5.5$ m 时,还受到铁路运输的限制。此外,整铸转轮叶片表面加工也较困难,有时还因铸件的局部严重缺陷而使整个转轮报废。因此,近年来随着我国焊接技术的发展,越来越多地采用铸焊结构代替传统的整铸结构。

（三）铸焊结构

铸焊结构的转轮(见图 4-39)是将上冠、叶片和下环分别铸造,然后再焊接成一整体,大型水轮机一般采用电渣焊。

铸焊结构减小了铸件尺寸,因而也减小了铸造设备能力,且保证铸件的质量,同时叶片表面加工也比较方便,有利于提高表面光洁度和精度。

铸焊结构转轮的材料,可能对不同部位采用不同的钢,对上冠和下环采用低合金钢,对叶片采用特殊合金钢(如 0Cr13Ni6N)等,这样既提高了抗蚀能力,又节省了铬、镍等稀有金属。

但铸焊结构转轮焊接工作量大,对焊接工艺要求高,必须确保每条焊缝的质量,避免焊接变形和消除焊接温度应力等。

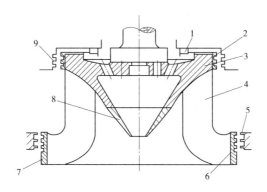

1—减压装置;2—上部转动止漏环;3—转轮上冠;4—叶片;5—下部固定止漏环(或底环);
6—下部转动止漏环;7—下环;8—泄水锥;9—上部固定止漏环

图 4-39　铸焊转轮

(四) 组合结构

当大型转轮的尺寸超过运输条件许可,或因铸造设备能力不足而不能整体铸造时,就必须把转轮分瓣制作,运到电站后再组合成整体。这种结构的组合连接方式有几种。国外有的采用在上冠和下环处加轮箍热套成一体,也有的采用上冠用螺栓连接、下环用轮箍热套。我国主要采用上冠用螺栓连接、下环焊接的结构,在上冠连接处装有轴向和径向定位销。国内一般当转轮直径 $D_1 \geqslant 5.5$ m 时,采用分瓣结构。组合转轮的示意图如图 4-40 所示。

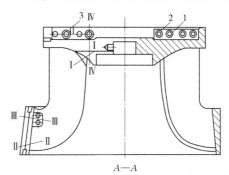

$A—A$

1—法兰组合;2—连接螺栓;3—定位销孔

图 4-40　组合转轮

三、止漏环结构

目前采用的止漏环结构形式有缝隙式、迷宫式、梳齿式和阶梯式四种,如图 4-41 所示,前面三种比较常用。可根据水轮机应用水头选择止漏环的形式。

(一) 缝隙式止漏环

这种止漏环结构简单,安装制造方便,与转轮的同心度高,抗磨性能较好,但止漏效果较差,一般应用在多泥沙的电站,其间隙 $\delta \approx 0.001D_1$。一般应用在水头 $H < 200$ m 的水电站。

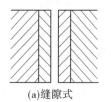   

(a)缝隙式　　　　　(b)迷宫式　　　　　(c)梳齿式　　　　　(d)阶梯式

图 4-41　止漏环形式

（二）迷宫式止漏环

迷宫式止漏环安装制造比较方便,与转轮同心度高,止漏效果较好,其间隙一般为 $\delta = 0.005D_1$,应用在水头 $H<200$ m 的水质清洁的水电站。

（三）梳齿式止漏环

梳齿式止漏环的止漏效果好,但安装不太方便,间隙不易测量,与转轮的同心度也不易保证,多用于水头 $H>200$ m 的水电站,常与缝隙式止漏环配合使用。其间隙一般为 1~2 mm,平面间隙 $\delta_1 = \delta + h$,h 为抬机高度,可取 10 mm。

（四）阶梯式止漏环

这种止漏环具有迷宫式和梳齿式止漏环的作用,止漏效果好,环的刚度大,安装测量方便,与转轮的同心度也易保证,其平面间隙 $\delta_1 = \delta + h$。一般应用在水头 $H>200$ m 的水电站。

迷宫式止漏装置是在转轮的上冠、下环与其对应的固定部件上分别匹配的迷宫式止漏环,在转动环和固定环之间形成忽大忽小的缝隙,当水从缝隙间流过时,发生突然扩大出口和收缩,增加了水流阻力损失,达到减小漏水量的目的。止漏环的材料一般采用 A3、1Cr18Ni9Ti、16Mn 或 20MnSi 等制造,用焊接或热套方法固定。有时采用缝隙式和梳齿式止漏环的联合止漏装置。梳齿式止漏环的转动环和固定环形成犬牙交错的配合,水流经过梳齿时转了许多直角弯,增加了水流阻力,达到减小漏水损失的目的。

在水头更高时,为了增强止漏效果,一般在梳齿式止漏环的转动环上切制螺纹槽,其方向与转动方向相反,同时增大了犬牙交错的深度。

带有螺纹的梳齿式止漏环较不带螺纹的可以减小漏水量 30%~40%。同时,允许带螺纹的止漏环采用较小的间隙。这是因为在运行时由于振动或摆度加大,引起转动环和固定环相碰时,也只是螺纹顶部发生局部变形或磨损,而不影响环的本体。由于磨损后修理转动环要比修理固定环容易,所以固定环的硬度为 HB = 250~280,转动环的硬度为 HB = 180~210。

四、减压装置

混流式转轮其他部件如图 4-42 所示。混流式转轮虽然都设有止漏装置,可以减少漏水量,但由于转轮转动的关系,仍有一部分水流由止漏环的间隙漏走,使水轮机效率降低。同时,从上止漏环漏入上冠顶部的水流,使转轮受到向下的轴向水推力,增加了推力轴承的负荷。为了减小这部分轴向水推力,在结构上采用了减压装置。常用的减压装置结构形式有两种,图 4-43（a）为减压板和减压孔减压方式,图 4-43（b）为减压管和减压孔减压方式。

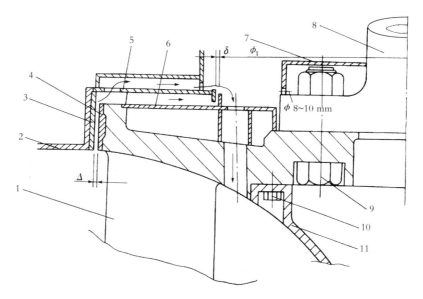

1—转轮;2—顶盖;3—上部固定止漏环;4—上部止漏环;5—固定减压板;6—减压板;
7—法兰护罩;8—主轴;9—联轴螺栓;10—螺栓;11—泄水锥

图 4-42 混流式转轮其他部件

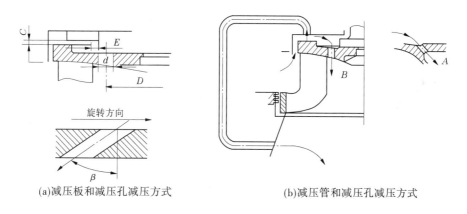

(a)减压板和减压孔减压方式   (b)减压管和减压孔减压方式

图 4-43 减压装置结构形式

(一)减压板和减压孔减压方式

这种减压方式是由两块减压板和数个减压孔构成的。一块减压板由径向盘固定在顶盖底面,与顶盖之间形成宽敞的流道,另一块减压板固定在上冠顶面上,两块减压板之间形成较小的间隙 C 和 E。当水流由止漏环漏入两块减压板之间的间隙 C 时,水流在转轮带动下旋转,受到离心力作用,迫使水流经顶盖减压板上流过,引入减压孔再排到尾水管,这样水压力主要作用在顶盖减压板上,从而减小了转轮上的轴向水推力。减压装置的减压效果与减压板的面积、间隙 C 和 E 的大小以及减压孔的直径 d 有关。一般认为,减压板和减压孔面积越大,间隙 C 和 E 越小,减压效果越好。但间隙 C 应保证抬机(车)需要,最小值不应小于 20 mm。间隙 E 可取止漏环间隙的 1.5~2 倍。减压孔的排水面积,根据

经验一般取止漏环缝隙面积的 4~6 倍,减压孔最好开成顺水流方向倾斜,倾斜角度 $\beta =$
$20° \sim 30°$,此种结构在中低水头混流式水轮机中应用较多。

(二) 减压管和减压孔减压方式

这种减压方式是在顶盖和尾水管内连有数条减压管,一方面使由止漏环漏到转轮上
面的水经减压管泄到尾水管,另一方面上冠上也开有减压孔,转轮上的水也可经减压孔排
入尾水管。这样减小了转轮上的轴向水推力。

自上冠减压孔排出的漏水,有的经泄水锥内腔排入尾水管;有的则直接排至尾水管。后者
在泄水锥过流表面将会出现气蚀或磨损,前者有可能影响补气效果,因而根据具体情况设计。

水轮机主轴与转轮连接成整体,构成水轮机转动部分,它将水轮机转轮产生的扭矩传
递给发电机主轴,同时承受转轮的轴向水推力和转动部分的重量。

五、主轴的结构形式

主轴的结构形式随着水轮机容量大小和装置方式而改变,一般可分为单法兰(或无
法兰)和双法兰两类。

(一) 单法兰主轴

单法兰(或无法兰)主轴如图 4-44 所示,一般为实心的阶梯轴;无法兰一端有键槽,用
键与转轮连接,另一端与发电机轴连接。为便于安装时容易对中心,法兰端面有凸止口,
法兰周围布置有等距的螺栓孔,用螺栓与发电机主轴法兰连接。这种结构常用于中小型
水轮机,多为卧式布置。

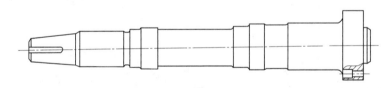

图 4-44 单法兰主轴

单法兰主轴材料为 35 号或 45 号钢,采用锻造或圆钢制作。在大中型伞式机组中,也
有采用单法兰主轴的,此时发电机与水轮机共用一根轴,这种轴除法兰外,其余均与双法
兰相同。

(二) 双法兰主轴

双法兰主轴如图 4-45 所示,其两端分别用螺栓与转轮和发电机轴连接,中小型水轮
机采用的双法兰主轴一般为实心的,而大中型水轮机都做成空心主轴,这样可以减轻重
量,提高轴的强度和刚度,轴心孔也可将轴心材料疏松和缺陷部分消除掉,便于进行主轴
内部的质量检查,同时混流式水轮机也经常需要通过主轴中心孔向转轮室补气。

主轴法兰的尺寸在满足螺栓孔布置的要求下,应尽量小些,以减小法兰根部的弯曲应力
和制造的困难。同时,为避免根部应力集中,法兰与轴身连接处采用均匀过渡的圆角半径。为
安装时容易对中心,法兰两端面有凸凹止口,止口的配合间隙不超过 0.02~0.06 mm,止口与轴
颈要同心,法兰端面与轴线垂直,不允许有凸起,法兰端面的不平度不能大于 0.03 mm。

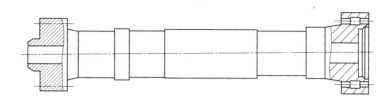

图 4-45　双法兰主轴

主轴轴颈的结构与水轮机导轴承结构有关。采用水润滑轴承的主轴,与轴瓦接触的部分包焊一层不锈钢的轴衬,如图 4-46 所示。采用稀油润滑的分块瓦式导轴承,在与轴瓦接触的主轴上需制作轴领。轴领可用焊接或热套于主轴上,也可与两端带法兰的主轴整体锻造。对采用稀油润滑的筒式导轴承,与轴瓦接触部分的轴颈直接精加工即可。

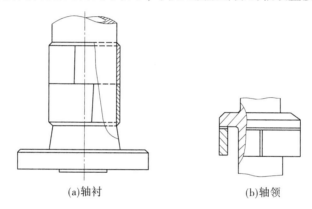

(a)轴衬　　　　　　　　　(b)轴领

图 4-46　轴衬和轴领

主轴的毛坯通常采用整体锻造,也可以分件制作再焊接成整体,其形成可以是轴身、法兰分别锻造或轴身锻造、法兰铸造。近年来常采用钢板卷焊轴身、法兰铸造的结构。

主轴材料一般用 35 号、40 号钢或 20MnSi 钢锻造。

六、主轴与转轮的连接方式

混流式水轮机主轴与转轮的连接(见图 4-47),常采用下面两种方式。

图 4-48(a)所示为精制螺栓连接方式,螺栓中部的圆柱面进行精加工,与法兰上的铰制孔配合间隙为 0.02~0.04 mm,螺栓传递扭矩并承受轴向作用。两配合法兰上的螺栓孔需要同铰,以保证需要的精度。连接螺栓用一级细牙螺纹,材料为 35 号或 40 号钢。为防止运行中螺栓头部兜风,保证安全,一般在联轴法兰处装有保护罩。

图 4-48(b)所示为用键连接的方式,用键传递扭矩,螺栓承受轴向力。这种方式可以节省螺栓孔的铰孔工作,制造安装比较方便,但目前多应用在中小型水轮机上,大型水轮机中使用尚不普遍。

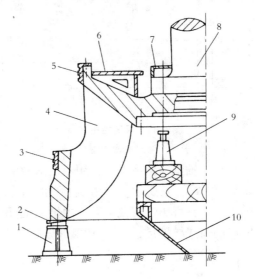

1—支墩;2—楔子板;3—下止漏环;4—转轮体;5—上止漏环;
6—减压板;7—法兰护罩;8—主轴;9—千斤顶;10—泄水锥

图 4-47   转轮与主轴连接

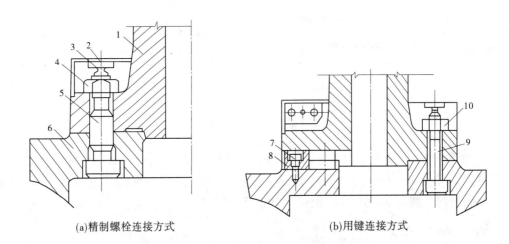

(a)精制螺栓连接方式   (b)用键连接方式

1—主轴;2—保护盖;3、7—圆柱头螺钉;4、10—联轴螺母;5、9—联轴螺栓;6—上冠;8—键

图 4-48   主轴与转轮的连接方式

第五节   混流式水轮机导轴承

立式和卧式混流式水轮机的轴承受力情况不同,因此导轴承结构形式也有差异。

一、立式水轮机导轴承

立式装置的混流式水轮机导轴承位于顶盖上方,用以承受主轴传来的径向振摆力,约束主轴旋转轴心线。这些径向力主要来自转轮和尾水管的水力不平衡。如果设计、制造和安装都是高质量的,在合理工况下运行,径向力是很小的。导轴承在结构布置时,应尽量使轴承靠近转轮,以缩短转轮至轴承的距离,增加主轴运行的稳定性和可靠性。

导轴承是运行的主要监视对象,也是检修和维护的主要项目。导轴承运行中常见问题是轴承过热,严重时会烧瓦。常见的故障有轴承磨损,间隙变大。这些问题直接影响机组安全稳定运行,为此对导轴承必须重视。

立式水轮机导轴承按润滑介质不同可分为水润滑导轴承和稀油润滑导轴承,而稀油润滑导轴承又有分块瓦式和圆筒瓦式两种。

(一)水润滑导轴承

水润滑导轴承结构如图 4-49 所示,由固定在顶盖上的铸铁轴承体 1 和固定在轴承体顶部的水箱 2 两大件组成。在水箱内有密封 6 和润滑压力进水管 7。轴承体内有橡胶瓦 3,瓦面上有沟槽,沟槽方向与轴的转动方向相适应,使清洁润滑水沿沟槽向下运动的同时,被轴带入瓦面,形成润滑水膜。调整螺钉 8 可调整轴瓦间隙并固定轴承中心。压力表 5 用来监视轴承上下部的压力和真空值。水润滑导轴承具有结构简单、制造安装方便、成本低、导轴承距转轮近等优点。缺点是对水质要求高,泥沙含量大时会导致轴瓦迅速磨损。水中不能含油类物质,油类物质会渗入橡胶,使轴瓦变软变黏。橡胶轴瓦导热性差,温度过高时会加速老化。

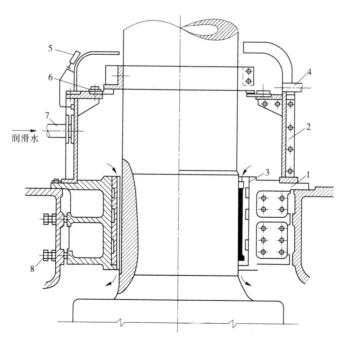

1—轴承体;2—水箱;3—橡胶瓦;4—排水管;5—压力表;6—密封;7—进水管;8—调整螺钉

图 4-49　水润滑导轴承结构

(二)稀油润滑导轴承

1.分块瓦轴承

分块瓦轴承如图4-50所示,带内、外圆筒的环状油箱置于顶盖上。油箱内有轴承体5、冷却器7,8~12块分块瓦放置在轴承体底板上,从圆周方向包围着主轴轴领1,每块瓦之间留有适当的间距,总间距为周长的20%~25%。轴承体上装有调整螺钉6,球状调整螺钉头部顶在瓦块背由30Cr钢制作的垫块上,接触点周向偏心约为瓦块弧长的5%。这样,瓦块有自调位能力,使进油边间隙大,出油边间隙小,便于形成楔形油膜。调整螺钉可调整轴瓦与轴的间隙,并传递径向力至轴承体,调整好间隙后用螺母及锁片锁住。

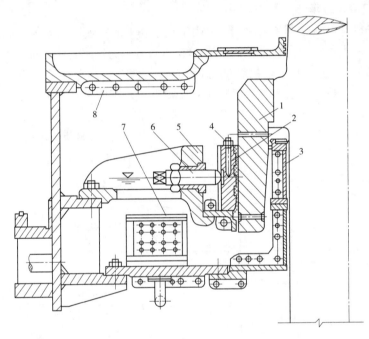

1—主轴轴领;2—分块轴瓦;3—挡油箱;4—温度信号器;5—轴承体;6—调整螺钉;7—冷却器;8—轴承盖

图 4-50　分块瓦轴承

这种分块瓦式稀油润滑轴承在大型水轮机上得到了广泛的应用。但由于调整螺钉与螺母的螺纹总是存在着加工误差,调整螺钉与瓦背为点接触,接触面积太小,运行时在交变径向力长期作用下,会产生变形,导致瓦面间隙变化,使机组振动和摆度增加,瓦温升高,严重时需停机处理。

近年来采用了由楔子板式代替调整螺钉的分块瓦导轴承。楔子板与分块瓦背采用1:20的斜平面接触,轴承座圈与楔子板采用大小曲率半径的柱面母线接触。这样保留了分块瓦的自调位能力,又把点支承改为线支承,改善了支承条件。调整轴瓦与轴领的间隙时,先把楔子板往下放,使轴领与瓦面间隙为零,然后根据预定间隙,换算成楔子板顶部螺丝旋转圈数,加以调整,再把楔子板与瓦块间的定位螺钉拧紧,这样,除轴瓦正常磨损外,运行中瓦面间隙不再改变。

分块瓦轴承工作时,油箱中的油被轴领带动旋转,轴领下部的油在离心力作用下,穿过油孔,一部分进入瓦间,一部分被带入瓦面楔形间隙形成油膜,并向上、向外侧运行,翻过轴承体顶面,经油箱外部,流经冷却器降温后回到轴领下部,形成润滑油循环。根据安全运行要求,瓦块2/3泡在油内即可维持良好润滑。为防止轴领内侧形成低压,润滑油雾外溢,轴领上部开有数个呼吸孔,使轴领内外侧压强平衡。

分块瓦式轴承结构的显著特点是主轴带轴领,轴瓦分块。它的优点是瓦面间隙调整方便,轴瓦有自调位能力,运行中受力均匀,润滑条件较好,瓦温不易上升,零件轻,制造安装方便,适应顶盖变形能力强。缺点是轴领加工成本高,费工费料,价格稍贵。

2.圆筒瓦式导轴承

圆筒瓦式导轴承如图4-51所示,主要由上油箱2、下油箱6和带法兰盘的圆筒形轴承体4三大部件组成。轴承体内壁直接浇铸有轴瓦钨金,钨金瓦面开有倾斜和水平油沟,下法兰盘上钻有径向进油孔,孔口装有逆主轴旋转方向的进油嘴,轴承体视轴的尺寸大小可分成2~4瓣螺栓组合。下油箱固定在主轴上,随主轴旋转。轴承体上部法兰盘上固定有上油箱,上油箱内装有冷却器3,此外还有浮子信号器7、温度信号器8等附属装置。

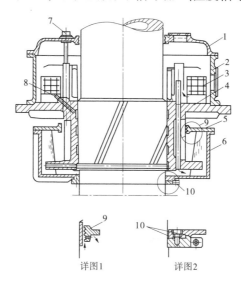

1—油箱盖;2—上油箱;3—冷却器;4—轴承体;5—回油管;
6—下油箱;7—浮子信号器;8—温度信号器;9—油盆盖;10—密封橡皮条

图4-51　圆筒瓦式导轴承

机组运行时,主轴带动下油箱及箱内润滑油旋转,在离心力作用下,形成抛物油面,抛物油面产生的静压力及油旋转的动压力,使油从进油嘴进入上法兰径向油孔至轴承体环形油沟,被主轴带动沿斜油沟上升,同时被带进圆筒形瓦面,起润滑和吸收摩擦热量作用。然后油被带入挡油圈,在后续油推动下溢出挡油圈,流经冷却器,经回油管回到下油箱形成油循环。停机时,挡油圈内油缓缓下渗,使瓦面油沟处于充油状态,可防止机组启动时的瞬时干摩擦。

浮子信号器的作用是监视下油箱油位,如图4-52所示。运行中油面位置与润滑油存油量有关,存油量越多,油面越靠近轴中心。离心静压头越大,反之静压头越小。因此,存在维持轴承正常运行的最小油面和下油盆能容纳的最大油面,对应着最少和最多存油量。当 A 孔淹没在油中时,浮筒位置与离心静压头成正比,当存油量小于最小油量时,润滑油不能进入 A 孔使浮筒浮起,浮子信号器发信号报警。当存油量多于最大油量时,超过整定的最大值,油进入 A 孔太多,浮子信号器同样发信号报警。上油箱设观察孔,通过上油箱油位可间接监视下油箱油位。

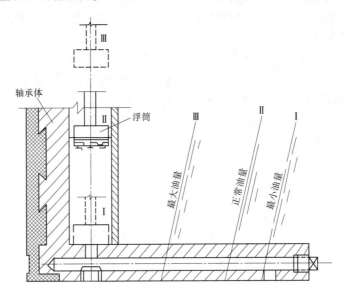

图 4-52　导轴承浮子信号器及油位

圆筒瓦式导轴承内的上油量 q 与轴承内油沟数 z、油沟断面形状、油沟升角 φ、主轴圆周速度 u 和轴承冷却方式等因素有关,轴径小于 1 m 的轴承选 3~4 条,在 1~1.5 mm 时选 4~8 条,1.5 mm 以上者选 8~10 条。油沟升角 φ 增加,使 q 减小,φ 角太小,轴承承载能力下降。φ 角一般取 50°~70°,内冷却方式取小值。u 值大,上油量 q 增大,φ 角取大值,反之 u 愈小,为保证上油量 q,φ 角应选小些。

圆筒瓦式导轴承冷却方式有体外冷却和体内冷却两种。体内冷却就是将水箱围焊在轴承体外壁上,内有隔板使水路迂回曲折,以充分进行热交换。由于制造难度大,运行时易堵塞,用得较少,只用于小型水轮机上。轴承冷却装置如图 4-53 所示。

圆筒瓦式导轴承结构简单,布置紧凑,使用寿命长,适用于直径小于 1 m 的导轴承。缺点是安装检修时刮瓦和调间隙较困难,旋转油箱易甩油,对顶盖刚度要求高,轴承体较重,水机室要配起吊设备。

二、卧式水轮机轴承

混流式卧式水轮机基本结构及工作原理与立式大同小异,由于适用于小机组,机组结构较立式简单些。只是卧式机组导轴承既要承受机组旋转径向力,又要承受旋转部分重量,其工作条件较立轴的要差些。卧式机组也有轴向推力,主要是尾水管方向的推力,还要考虑反向推力,故要有双向止推结构,往往把导轴承和推力轴承放在一个轴承座内。

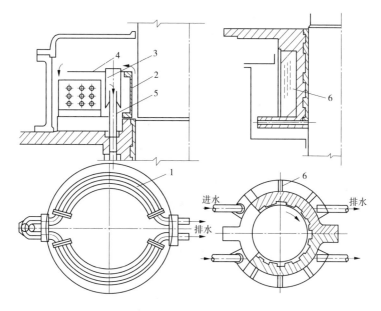

1—冷却器;2—挡油圈;3—挡油管;4—溢流板;5—回油管;6—隔板

图 4-53　轴承冷却装置

(一) 径向推力轴承

图 4-54 为卧式径向推力轴承常用结构。轴承箱支座 9,轴承上盖 8,轴承盖 17 组成,轴承箱内由大小推力盘 1 和 7,球面支承 5,推力垫块 2,导轴瓦装配 6,冷却器 10 等主要部件组成。固定在主轴上的大推力传递给推力垫块,再通过调整螺钉 4、球面支承 5 等传递给轴承箱支座。调整螺钉与推力垫块支承点位置偏心为弧长的 5% 左右,以利产生油楔。小推力盘是为平衡反向推力而设置的。反向推力通过小推力盘 7、导轴瓦装配 6 传递给轴承箱支座。水轮机转动部分自重和径向力,通过主轴、导轴瓦装配和球面支承传递给轴承箱支座。

机组运行时,大推力盘将润滑油带到上方,被刮油板刮下,顺刮油板面流进 b 孔,沿着与轴平行的 b 孔通道到 $C—C$ 剖面流出,再顺着 $C—C$ 剖面箭头所示路径流出,进入 B 腔。B 腔内的油流向右方,受轴和大推力盘旋转带动,产生离心力,一方面顺着推力垫块瓦面及瓦间流动,顺主视图箭头所示流出推力环座,进入冷却器;B 腔内油流向左方,顺导轴瓦装配瓦面油沟,受主轴带动形成瓦面油膜,同时向小推力盘运动,由小推力盘与导轴瓦装配间隙流出,经油冷却器流向进油器管子,回到大推力盘下腔,形成油循环。

卧式导轴承径向力主要作用在导轴瓦装配下轴瓦上,作用范围一般为正下方 60°~90° 弧角,在这范围内,轴瓦单位面积承压范围很大,因此刮瓦刀花宜深些,刀花互相垂直,接触点要求 2~3 点/cm²,接触面积应在 75% 以上。

(二) 外循环横向导轴承

外循环横向导轴承工作原理与上述导轴承相同(见图 4-55)。只是油循环用体外油泵作动力,体外冷却,不能承受推力。

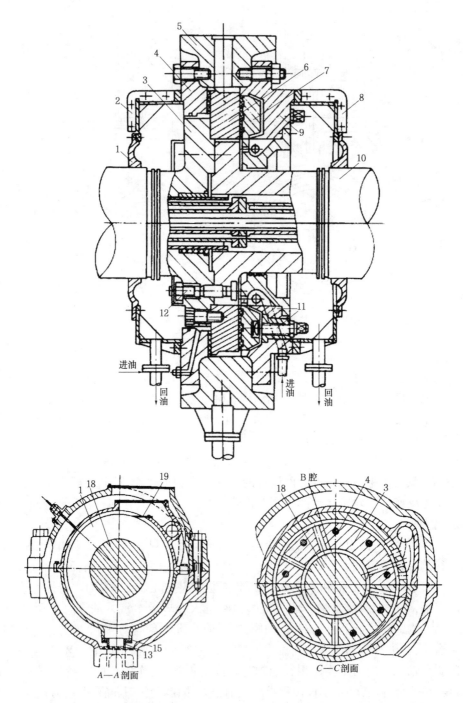

1—大推力盘；2—推力垫块；3—推力环座；4、12—调整螺钉；5—球面支承；6—导轴瓦装配；
7—小推力盘；8—轴承上盖；9—轴承箱支座；10—冷却器；11—密封套；13—进油器管道；14—封油板；
15—封油圈；16—挡油侧盖；17—轴承盖；18—主轴；19—括油板

图 4-54   卧式径向推力轴承常用结构

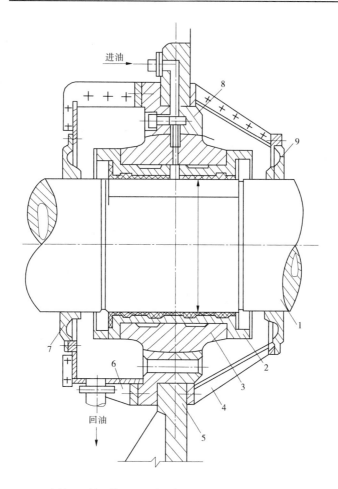

1—主轴;2—轴瓦装配;3—球面支承;4—轴承前端盖;5—机壳;
6—轴承后端盖;7—后轴承盖;8—球面座;9—前轴承盖

图 4-55　外循环横向导轴承

第六节　水轮机密封装置

混流式水轮机上冠与顶盖之间,存在着一个低压水腔,其水源为止漏环的漏水。由于止漏环的阻尼和减压装置的降压作用,此水压一般不超过 0.196 MPa。为防止此压力水从主轴与顶盖之间的缝隙中冒出,破坏稀油润滑导轴承的正常工作,故设主轴密封装置。对下游尾水位高于顶盖的电站,要设停机检修密封装置,防止尾水倒灌淹没水轮机事故。

水轮机的主轴密封装置包括工作密封和检修密封,一般装在主轴法兰上方,地方狭窄,工作条件差,对多泥沙电站,其工作条件更为恶劣。但它又是水轮机的一道重要保护,直接关系到水轮机安全运行,故要求其结构简单轻便,工作可靠,安装检修方便,工作寿命长。

一、工作密封

从工作原理而言,工作密封可以简化固定在转轴上的动环和固定在顶盖上的静环组合成的摩擦副,其最佳工作状态是静环以一定压力压向动环,保持密封面的稳定接触以封水,同时要引进一定清洁压力水到密封面,形成液膜润滑,避免干摩擦引起摩擦副快速磨损,还要有足够的磨损补偿余量,做到低泄流,长寿命。

工作密封结构形式较多,大体有橡胶平板密封、端面密封、径向密封、橡胶石棉盘根密封、水泵辅助密封等。

盘根密封在多泥沙电站中使用寿命短,漏水量大,会磨损主轴密封轴颈,只在小机组上使用,已在逐步淘汰中。径向密封对水质和密封质量要求高,结构复杂,调整困难,国内很少使用。下面主要介绍国内广泛应用的橡胶平板密封和端面密封,端面密封又可分为机械端面密封和液压端面密封。

(一) 橡胶平板密封

橡胶平板密封又分单层和双层两种,单层橡胶平板密封由转环和固定的圆环形橡胶密封板组成。转环固定在主轴上,随主轴转动,密封面一般装有不锈钢板。橡皮密封板靠托板、压板和螺栓固定在顶盖支座上,借助外引清洁密封压力水的水压把橡皮板压在转环密封面上封水。橡皮板要有一定的耐酸碱性,密封间隙一般在 1~2 mm 范围内调整。间隙太大,密封不到位,泄流量太大;间隙太小,密封面易产生干摩擦,橡胶板因迅速磨损而失效。橡胶板的厚度一般取 4~10 mm,搭接宽度为 15~35 mm,密封压力水水压一般在0.02~0.2 MPa 范围内调整,视被封水水压而定。

双层橡胶平板密封结构如图 4-56 所示,密封水箱固定在支架上不动,衬架用特殊螺栓固定在主轴上,转架用螺栓固定在衬架上,下橡皮板固定在转架上,构成随主轴旋转的转动环,上橡皮板固定在水箱上端,形成上下两个封水摩擦副,在密封水箱清洁压力水作用下,上、下橡皮板在封水面上,起封水作用。

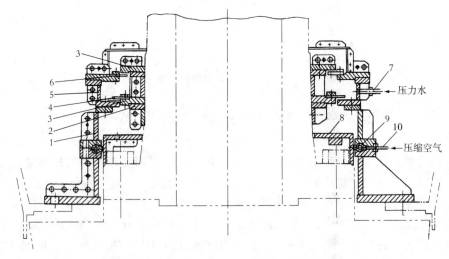

1—密封座;2—转动体;3—转动圆盘;4—橡胶平板;5—水箱;
6—压板;7—进水管;8—空气围带;9—法兰护罩;10—进、排气管
图 4-56　橡胶平板密封和止水围带

橡皮平板密封结构简单,密封性能好,能自动封闭因磨损出现的间隙。单层橡胶平板

密封适用于水质较清洁的水电站,双层橡胶平板密封适用于水质不干净的多泥沙的水电站。这种密封的缺点是摩擦副补偿能力差,对轴向振动较大的机组,密封不理想。

(二)端面密封

1.机械端面密封

机械端面密封如图 4-57 所示,转环 1 固定在主轴上,密封块 2 固定在滑动架 3 上,密封块可用自润滑性能好的碳精块、工程塑料或耐油橡胶,加工成 U 形截面圆环形密封圈,在密封座与滑动架之间装数个弹簧 5。密封块与转环的接触压力是靠弹簧的弹力,弹簧推动使滑动架上的密封圈紧贴在转环的下端面起密封作用。该结构的缺点是弹簧制造质量要求极高,要有防锈措施;当各弹簧弹力不均匀时,滑动架上的密封易偏卡。滑动架辅助密封可用 O 形橡胶盘根。

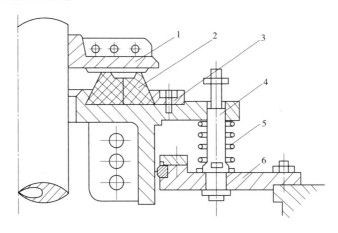

1—转环;2—密封块;3—滑动架;4—引导柱;5—弹簧;6—支承座

图 4-57　机械端面密封

2.液压端面密封

液压端面密封如图 4-58 所示。其密封原理与机械端面密封有相似之处,密封圈 7 放置在环形密封盒 9 内,压力水经进水管 5 进入密封盒,在压力水的作用下,密封圈 7 紧紧顶靠在转环 6 上起到止水的作用。

二、检修密封

对尾水位高于水导轴承的水电站,为防止尾水倒灌,设置停机检修密封。检修密封常用形式有空气围带式和抬机式两种。

空气围带式检修密封如图 4-59 所示,将横断面为中空的 O 形橡胶围带压装在顶盖固定部件内,与转动部件圆柱面间隙为 1.5~2 mm。正常运行时,空气围带与旋转件不接触,停机时空气围带内的 O 形孔充以 $0.4 \times 10^6 \sim 0.7 \times 10^6$ Pa 压缩空气,围带膨胀,从四周贴紧旋转部件圆柱面,达到封水的目的。

抬机式检修密封如图 4-60 所示,将环状橡胶密封圈压装在主轴法兰或法兰保护罩端面外圆处,停机时将水轮机抬起,使密封圈贴紧固定件,达到止漏的目的。

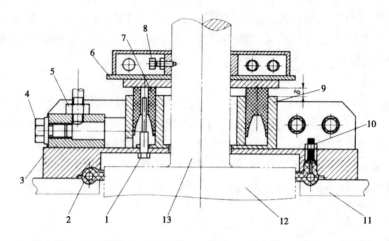

1—限位销；2—空气围带；3—密封座体；4—螺塞；5—进水管；6—转环；7—密封圈；
8—转环紧固螺钉；9—密封盒；10—检修围带进气管；11—顶盖；12—转轮法兰保护罩；13—水轮机主轴

图 4-58　液压端面密封

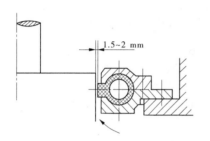

图 4-59　空气围带式检修密封

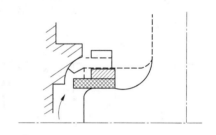

图 4-60　抬机式检修密封

第七节　混流式水轮机尾水管和附属装置

　　立轴混流式水轮机尾水管位于转轮下面，大中型水轮机常用弯肘形尾水管，它由进口直锥管、弯肘管和出口扩散管三部分组成，如图 4-61 所示。直锥管段常上部与基础环相接，为防止高速水流冲刷破坏，直锥管段常用钢板衬护，当工作水头大于 200 m 时，肘管段也要用钢板衬护，其他部分则用钢筋混凝土浇筑。直锥形尾水管如图 4-61(a) 所示，可用于单独检修转轮时下拆转轮。直锥管段设进人门，用于停机检查转轮。弯肘形尾水管肘管段形状复杂，如图 4-61(b) 所示。近年我国新研制的椭圆断面肘管，经试验性能优于常规肘管，已在某电站使用。

　　小型混流式水轮机常用直锥形尾水管。对小型混流式卧式机组，常用弯管加直锥形水管。弯管如图 4-61(a) 所示。弯管上端开有进人门。

　　混流式水轮机附属装置有补气装置、尾水管稳流装置、顶盖排水装置、蜗壳排水装置，对高水头长引水管电站，还有放空阀等。下面主要介绍与运行关系较密切的补气装置。

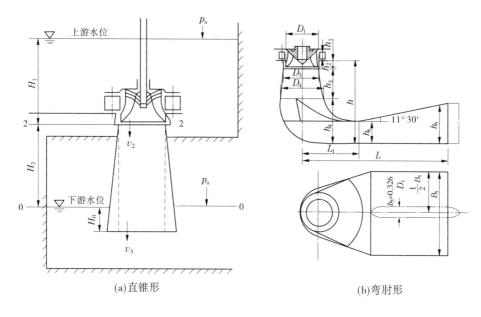

(a)直锥形　　　　　　　　(b)弯肘形

图 4-61　尾水管形式

一、尾水管补气装置

在某些工况下,水轮机尾水管内会出现大尺寸涡带,不稳定涡带会造成压力脉动和振动。向尾水管补气对消振能收到好的效果。补气方式有以下几种:

(1)十字架补气。补气孔开设在横管朝下方向,中心管到转轮泄水锥距离约为标称直径 D_1 的 1/4。进气管直径 $d_1 = 0.1D_1$。当 $D_1 < 3$ m 时,横管直径可取 150~250 mm,横管外端宜埋在混凝土内以增加刚度。进气管口一般设置在厂房外,并装有进气阀,采取自然补气的方式。当尾水很高时,往往无法自然补气,用鼓风机式压缩空气补气。

(2)短管补气。当 $D_1 < 3$ m 时,短管直径 $d_1 = (0.05 \sim 0.07)D_1$,取 4 根;当 $D_1 > 4$ m 时,取 $d_1 = (0.04 \sim 0.05)D_1$,一般 6~10 根。短管长度一般取 0.05R+1.1d,短管宜水平放置,并尽量靠近下环。短管补气装置结构简单,效果良好,适于 $D_1 > 4$ m 的水轮机。

(3)射流补气。从上游引来压力水,通过射流泵吸气,气从上面管道补入尾水管,射流从下面管道流入尾水管。当自然补气失效时,才采用射流补气。

二、轴心孔补气阀

当尾水管内压力脉动位置较高时,可通过轴心孔补气来缓解。在主轴下端轴心孔出口处装设轴心孔补气阀,图 4-62 所示为平板式吸力真空阀。当尾水管真空值大于整定值时,尾水管内向下吸力与托架的重力之和大于弹簧弹力,使托架与橡皮平板下降,外面大气通过轴心孔向尾水补气。当尾水管真空值变小使吸力小于整定值时,弹簧力克服托架重力,橡胶平板上升封闭轴心孔。橡胶平板所对的密封面,可堆焊不锈钢,防止锈蚀。轴心孔补气的缺点是补气噪声太大。

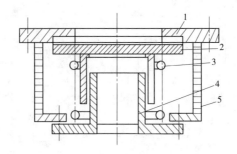

1—橡胶平板;2—托架;3—弹簧;4—底座;5—外罩

图 4-62　平板式吸力真空阀

三、紧急真空破坏阀

当机组紧急关机时,由于水流惯性作用,在转轮室会产生很大真空,导致尾水管及下游水迅速返回,撞击转轮和顶盖,发生抬机现象,严重时引起顶盖损坏。在顶盖上装紧急真空破坏阀,能在转轮室出现真空时,迅速向转轮室补气,避免产生上述破坏。通常大型水轮机装两只或四只紧急真空破坏阀,一方面补气均匀,另一方面可互为备用,增加补气可靠性。紧急真空破坏阀结构如图 4-63 所示。

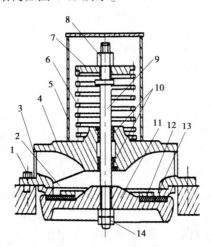

1—螺钉;2—铜密封环;3—保护网;4—阀座;5—护罩;6—弹簧;7—压盖;
8—调节螺母;9—阀轴;10—尼龙套;11—阀盘;12—压环;13—橡胶垫;14—压紧螺母

图 4-63　紧急真空破坏阀结构

安装在顶盖上的紧急真空破坏阀,根据转轮室允许出现的最大真空值,通过调节螺母 8 来调整弹簧弹力。一般要出现真空压强为 14.7~19.6 kPa 时,阀盘克服弹簧弹力下移,开始补气,真空消失时,依靠弹簧弹力使阀盘复位。阀门密封采取橡胶和不锈钢接触。

习 题

1. 混流式水轮机的特点有哪些?

2. 混流式水轮机各部件之间的相互位置关系是怎样的?

3. 在混流式水轮机中座环部件发挥哪些作用?

4. 混流式水轮机导水机构由哪些部件组成?

5. 导水机构的端面间隙和立面间隙在安装时怎样调整?

6. 水轮机的止漏环形式有哪些?

7. 请叙述分块瓦式导轴承和圆筒瓦式导轴承分别是怎样工作的?

8. 请叙述橡胶平板密封、机械端面密封和液压端面密封的工作过程?

9. 请指出图4-64中水轮机的1-7各部分名称。

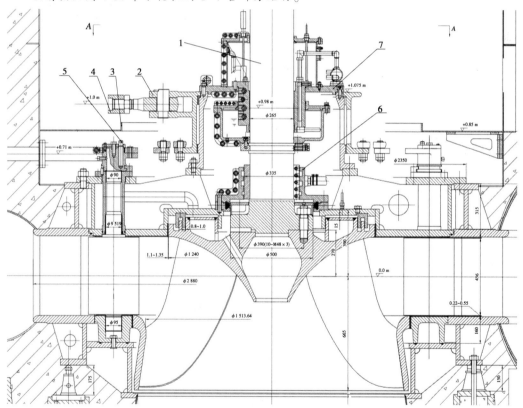

图4-64 混流式水轮机结构图

第五章　轴流式水轮机

第一节　轴流式水轮机概述

轴流式水轮机属于反击式水轮机,这种型式的水轮机,由于水流流经转轮时基本上为轴向流入、轴向流出,其转轮为轴流式,故称为轴流式水轮机。该型式水轮机,始于1912年由捷克的卡普兰(Kaplan)提出,故又称为卡普兰式水轮机。它的结构除转轮与混流式水轮机有较大区别外,其他部件基本相同。本章主要介绍其不同之处,对相同的结构不再重述。

一、轴流式水轮机与混流式水轮机的区别

轴流式水轮机的结构与混流式水轮机的主要区别有以下几点:

(1)转轮的结构形式不同,混流式水轮机的桨叶进口边与主轴是近似平行的,而轴流式水轮机的桨叶进口边几乎与主轴相垂直,并且结构较复杂,尤其是转桨式水轮机,转轮内部装有一套操作转轮桨叶的机构。

(2)在水头低于30~35 m的情况下,轴流式水轮机通常采用混凝土的非完全蜗壳,而混流式则多采用金属蜗壳。

(3)轴流式水轮机的导叶上端为顶盖,转轮上面为支持盖。而混流式水轮机导叶和转轮上面合用一个顶盖。

二、轴流式水轮机的优点

轴流式水轮机与混流式水轮机相比,具有以下主要优点:

(1)比转速高、能量特性好。因此,它的单位转速和单位流量高于混流式水轮机,在同样水头、出力条件下,它比采用混流式水轮机可以大大缩小水轮发电机组的尺寸,减轻机组重量,节约材料消耗,所以经济效益高。

(2)轴流式水轮机转轮桨叶表面形状和表面粗糙度在制造中容易达到要求。轴流转桨式水轮机由于桨叶可以转动,平均效率较混流式高,在负荷和水头变化时,效率变化不大。

(3)轴流转桨式水轮机转轮桨叶可以拆卸,便于制造和运输。

因此,轴流式水轮机能在较大的运行范围内保持平稳,振动较小,并且有较高的效率和出力。在低水头范围内,它几乎代替了混流式水轮机。在近几十年,无论是在单机容量还是在使用水头方面,都有了较大的发展,应用也很广。

三、轴流式水轮机的缺点

但是,轴流式水轮机也有其缺点,限制了它的适用范围,其主要缺点是:

(1)桨叶数目少,而且是悬臂的,因此强度较差,不能应用在中高水头电站。

(2)由于单位流量大和单位转速高,所以在相同水头条件下它比混流式水轮机具有更小的吸出高度,致使电站基础的开挖深度大,投资相对高。

四、轴流式水轮机的类型

根据其转轮桨叶在运行之中能否转动,又可分为轴流定桨式和轴流转桨式两种。

轴流定桨式水轮机:桨叶固定,结构简单,但它不能适应水头和负荷变化大的水电站,对水头稳定、担任基荷或多机组大型电站,在季节性电能较丰富的情况下,经过经济比较亦可考虑采用,其适用水头范围为3~50 m。

轴流转桨式水轮机:一般采用立式装置,它的工作过程与混流式水轮机基本相同,所不同的就是变负荷时,它不但调节导叶转动,还调节转轮桨叶转动,以保持高效率。大型轴流转桨式水轮机是由主轴、转轮、导水机构、蜗壳、尾水管、导轴承、座环和转轮室等组成的。

第二节　轴流水轮机结构

轴流定桨式水轮机的桨叶固定,结构相对简单,但不能适应水头和负荷变化大的水电站,如图5-1所示。

轴流转桨式水轮机转轮位于转轮室内,它的上方有顶盖,下面是尾水管,其结构如图5-2所示。它除有转轮体、桨叶、泄水锥、密封装置外,还有一套桨叶转动机构,因此其结构比较复杂。在转轮体的四周均匀安装桨叶,其内部安装桨叶转动机构,下部连接着泄水锥。在桨叶和转轮体之间安装着转轮密封装置,用来止油和止水。

一、轴流式转桨转轮结构

(一)转轮体

转轮体的主要作用是装置转轮桨叶和布置桨叶操作机构。转轮体又称轮毂,根据外形,可分为圆柱形和球形两种。

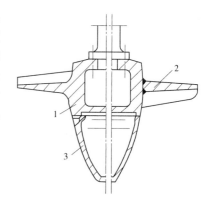

1—转轮体;2—桨叶;3—泄水锥
图5-1　轴流定桨式水轮机桨叶

圆柱形转轮体如图5-3(a)所示,内、外轮毂上部相连,构成转轮接力器缸,在内、外轮毂上均有与桨叶数目相等的桨叶枢轴孔。优点是制造简单,但因转轮体与桨叶之间的间隙随转角不同而改变,在中间位置时最大间隙可达几十毫米,故漏水量大,影响水轮机效率,已逐渐被淘汰。

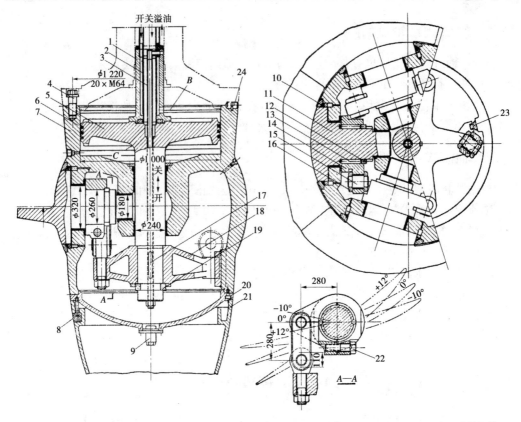

1—外油管;2—内油管;3—溢油管;4—主轴法兰连接螺栓;5—活塞;6—活塞环;7—轮毂;8—泄水锥连接螺栓;
9—放油阀;10—密封;11—桨叶枢轴;12—卡环;13—圆柱销;14—转臂;15—销轴;16—连杆;
17—键;18—操作架;19—分瓣卡环;20—端盖;21—泄水锥;22—螺栓;23—导向键;24—圆销

图 5-2　轴流转桨式水轮机转轮

球形转轮体如图 5-3(b)所示,其外形为球形,其优点是:桨叶内缘在各种转角下与转轮体壁面的间隙都保持不大于 2～5 mm,故水轮机的容积效率高;比相同水轮机相同参数下的圆柱形转轮体的轮毂直径大,因而有利于桨叶操作机构的布置。其缺点是减少了桨叶区转轮的过水面积,水流速度增大,使桨叶气蚀程度加重,加工耗工时较多。球形转轮体适用于大中型轴流式水轮机;圆柱形转轮体适用于中小型轴流式水轮机。转轮体的材质一般为 ZG30 和 ZG20MnSi,整体铸造。

(二)桨叶

桨叶是水流能量转换的主要部件,呈空间扭曲状,断面为翼形,悬臂固定在转轮体上,如图 5-4 所示。根据工作水头大小,轴流式水轮机的桨叶数目一般为 3～8 片。转轮桨叶由桨叶本体和枢轴两部分组成。对于尺寸大的转轮,通常把桨叶本体和枢轴分成两部分,这样有利于铸造、加工和安装检修,也便于生产过程中两部分采用不同的材料和加工方法。

桨叶转动时的角度称为桨叶转角,通常用 φ 表示。我国规定,设计工艺时的桨叶角度为 $\varphi=0°$,此时桨叶法兰的零度标志线与桨叶枢轴孔的水平中心重合。桨叶自零度位置向关闭方向转动时,规定为负角;向开启方向转动(顺时针)时,规定为正角。其转角范围一般为-20°~+35°。

桨叶装置角(也称安放角)φ_a,系指桨叶枢轴孔的水平中心线与桨叶零度($\varphi = 0°$)位置之间的夹角。

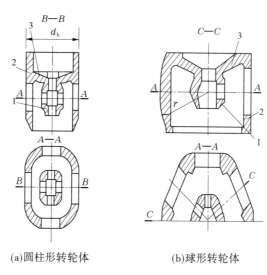

(a)圆柱形转轮体　　　　(b)球形转轮体

1—内毂;2—外毂;3—连接盆

图5-3　转轮体

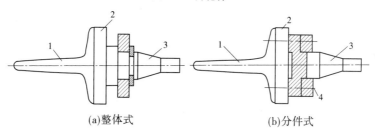

(a)整体式　　　　　　　(b)分件式

1—桨叶;2—桨叶法兰;3—枢轴;4—螺栓

图5-4　桨叶枢轴结构

(三)桨叶操作机构

桨叶操作机构安装在转轮体内,它是由调速器来控制的,其作用是改变桨叶的转角,使之与导叶开度、工作水头相适应,即协联关系,从而保证水轮机效率在任一工况下变化不大。

桨叶操作机构的形式很多,常见的有带操作架和不带操作架两种操作机构,带操作架的又有直连杆和斜连杆两种形式。

1.操作架直连杆操作机构

利用一个操作架同时转动所有桨叶的,称为带操作架操作机构。如图5-5所示,带操作架操作机构由转

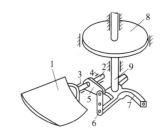

1—桨叶;2—桨叶转轴;3、4—轴承;
5—转臂;6—连杆;7—操作架;
8—接力器活塞;9—操作轴

图5-5　桨叶操作机构示意图

轮接力器、操作轴、操作架、连杆、转臂等组成。其工作过程是,当压力油进入接力器活塞 8 的上腔时,便推动活塞下移,操作轴 9 随活塞一起下移,同时带动操作架 7 向下运动,与操作架相连的连杆 6 也向下移动,连杆拉着转臂 5 顺时针转动,由于转臂和桨叶转轴 2 固定在一起,所以转轴 2 连带桨叶 1 沿顺时针转动,使桨叶转角加大。反之,当压力油进入接力器活塞 8 的下腔时,活塞向上移动,桨叶逆时针转动,使桨叶转角减小。

如图 5-6 所示,带操作架直连杆机构的特点是,当桨叶转角在中间位置时,转臂水平,连杆垂直,运动时操作架圆周分力较小。操作架上带有耳柄,便于安装时调整。耳柄与操作架由限位销连接,可防止耳柄固定时与夹板产生偏卡。连杆采用两块连接板,使连杆销受力均匀。转臂与桨叶用圆柱销传递扭矩,径向位置由卡环定位,转臂下口用螺钉夹紧,便于装拆和紧固卡环。这种机构在桨叶数为 4~6 片的中小型水轮机中采用较多。

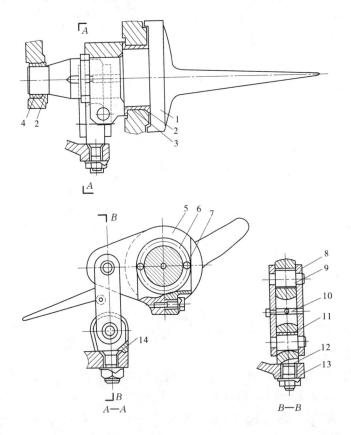

1—桨叶;2—圆柱销;3—止推轴套;4—轴套;5—转臂;6—卡环;7、9—销;
8—连接板;10—定位螺钉;11—轴套;12—耳柄;13—操作架;14—限位销

图 5-6　带操作架的直连杆机构

2.不带操作架直连杆操作机构

这种机构不用操作架,而是在接力器活塞上安装套筒和连杆直接操作转臂,故又叫作套筒式桨叶操作机构,如图 5-7 所示。

该结构多用在桨叶数为 4~5 片的大型水轮机上,其结构特点是:

（1）取消操作架，连杆和转臂由接力器活塞带动。

（2）活塞上下动作由装在活塞上的套筒和装在转轮体上的铜套引导，它比带操作架结构紧凑，重量轻，但套筒引导瓦处漏油大，转轮体加工工序较复杂，周期长。

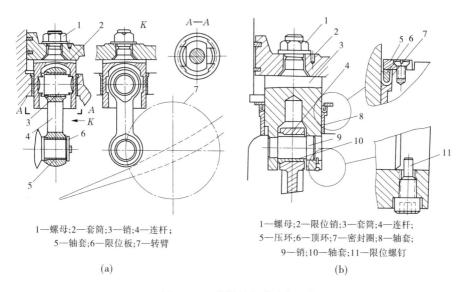

1—螺母;2—套筒;3—销;4—连杆;
5—轴套;6—限位板;7—转臂

(a)

1—螺母;2—限位销;3—套筒;4—连杆;
5—压环;6—顶环;7—密封圈;8—轴套;
9—销;10—轴套;11—限位螺钉

(b)

图 5-7　不带操作架直连杆机构

3.带操作架斜连杆操作机构

如图 5-8 所示，带操作架斜连杆操作机构的特点是，当桨叶转角在中间位置时，转臂与连杆都有较大的倾斜角，这样可减小转臂的平面尺寸，增大转臂有效长度，缩小接力器直径，增大行程。但运动中操作架受较大的圆周分力，故限制操作架的导向键的数量比直连杆的多且接触面积大。

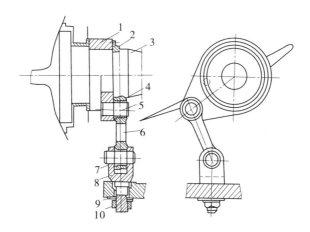

1—转臂;2—卡环;3—枢轴;4—轴套;5—连接销;6—连杆;7、9—限位块;8—耳柄;10—螺母

图 5-8　带操作架斜连杆机构

当转轮桨叶数较多时,为便于布置桨叶操作机构,采用此种结构有利。

(四) 泄水锥

泄水锥是用来引导水流的。此外,适当长度的泄水锥可影响尾水管内形成的涡带和压力脉动,从而能有效控制空腔气蚀。泄水锥缩短,水流会产生严重的相互干扰,降低水轮机效率;泄水锥加长,会增加对泄水锥的横向干扰力,造成连接螺栓的破坏。因此,选择适当的锥体长度是非常必要的。

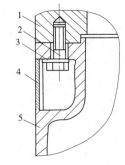

泄水锥的外形尺寸由模型试验给定,中小型机组大多采用 ZG270-500 铸造;大型机组则多采用钢板焊接,根据结构和制造的需要,还可把泄水锥分成两节。图 5-9 所示为泄水锥与转轮的连接结构,在泄水锥上部周圈开有槽口,用螺钉将泄水锥 5 与转轮体 1 连接,螺钉头应和锥体点焊防松,装配后槽口外壁用护盖 4 封焊。

1—转轮体;2—螺钉;3—保险垫;
4—护盖;5—泄水锥

图 5-9　泄水锥与转轮体的连接结构

(五) 桨叶密封装置

为了防止转轮体内的压力油向外渗漏或外部压力水渗入转轮体内,在桨叶和转轮体之间必须设置桨叶密封装置。桨叶密封装置主要有不可拆卸式桨叶密封装置和可拆卸式桨叶密封装置两种形式。

不可拆卸式桨叶密封最常见的有牛皮密封装置,如图 5-10 所示。其原理是通过磷青铜弹簧片 4 压紧牛皮圈 7 而达到止漏作用。不可拆卸式桨叶密封装置在制造、安装及检修上工艺要求较高,而且进行检修时,必须将叶轮拆除,因此这种结构的密封装置已经被淘汰,主要应用于 20 世纪五六十年代制造的机组中。

λ 形可拆卸式桨叶密封装置如图 5-11 所示。在弹簧 5 的作用下,顶紧环 4 紧顶 λ 形密封圈 3,使 λ 形密封圈的三个接触面撑起,紧贴在转轮体及桨叶法兰面上,起到密封的作用。当转轮体内的压力油向外渗漏时,油压将使 λ 形密封圈的 C、B 两个接触面分别紧贴在转轮体和桨叶法兰面上,增强了止漏效果。当压力水向内渗漏时,水压将使 λ 形密封圈右侧的 A 接触面紧贴在桨叶法兰面上,起到相同的作用。弹簧 5 的压紧力对密封效果起着至关重要的作用。压紧力过小,止漏效果差;压紧力过大,容易造成 λ 形密封圈变形发卡。通常采用在弹簧底部加垫片的方法来调整压紧力。

λ 形可拆卸式桨叶密封装置主要应用于低中水头的轴流转桨式水轮机中。由于存在弹簧压紧力不均匀、密封圈变形发卡、老化及磨损等因素,容易造成漏油现象。此外,λ 形密封圈的结构特点是,λ 形可拆卸式桨叶密封装置的防漏油效果较好,防渗水的效果较差,尾水位较高的水电站不宜采用。为解决上述问题,新型机组通常采用组合形桨叶密封装置。图 5-12(a)为 V 形橡胶环双向密封装置;图 5-12(b)为 V、X 形组合密封装置;图 5-12(c)为 V、λ 形组合密封装置。运行实践证明,组合形桨叶密封装置的密封性能良好,无漏油和渗水现象。

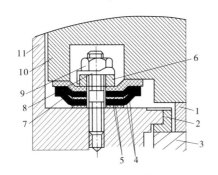

1—枢轴；2—止推轴套；3—转臂；4—磷青铜弹簧片；
5—胶皮垫片；6—双头螺柱；7—牛皮圈；8—锁定片；
9—螺帽；10—桨叶；11—转轮体；12—压环

图5-10　不可拆卸式桨叶密封装置

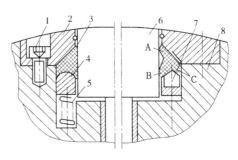

1—螺钉；2—压环；3—λ形密封圈；4—顶紧环；
5—弹簧；6—桨叶法兰；7—螺钉；8—转轮体

图5-11　λ形可拆卸式桨叶密封装置

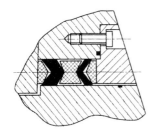　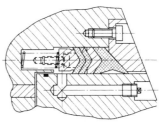

(a)V形橡胶环双向密封装置　(b)V、X形组合密封装置　(c)V、λ形组合密封装置

图5-12　组合式桨叶密封装置

(六) 桨叶操作的液压传动系统

桨叶操作的液压传动系统由桨叶接力器、内外操作油管、受油器、固定油管和叶轮配压阀组成。其作用是将叶轮配压阀的压力油送入桨叶接力器的开启腔或关闭腔，实现叶轮的开启或关闭操作，同时将叶轮的操作信号反馈至调速器中。

1.受油器

受油器是桨叶操作的液压传动系统中连接固定油路和转动油路的关键部件。国内常见的受油器结构如图5-13所示。

受油器底座14用组合螺栓18固定在发电机上机架上。为防止轴电流，螺栓套有绝缘套管20；在受油器底座和上机架之间加绝缘垫板19，要求绝缘电阻大于$0.5\ \Omega$。安装时应调整受油器底座的水平度至满足技术要求。

甩油盘13用螺钉装配在发电机小轴25上。其作用是利用离心原理将转轮体内的漏油吸至回油管中，以降低转轮体内的油压。甩油盘和底座之间采用梳齿式密封结构。

由外油管16和内油管8组成的操作油管头部用紧固螺钉连接在上操作油管的法兰面上，法兰的结合面上加有紫铜垫片23。内油管8用上轴瓦9和中轴瓦15来支撑，外油管16用下轴瓦17来支撑。上、中、下三个轴瓦的同心度应满足技术要求，以避免出现别劲烧瓦现象。盘车时如果内、外油管的摆度过大，可通过调整紫铜垫片23的方法来处理。

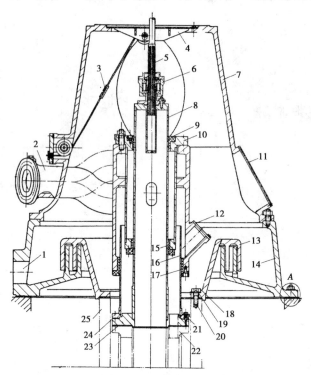

1—排油孔;2—压力油管;3—恢复钢丝绳;4—滚轮架;5—花键轴;6—恢复轴承;7—受油器体;
8—内油管;9—上轴瓦;10—轴瓦座;11—有机玻璃盖板;12—测量孔;13—甩油盘;14—受油器底座;
15—中轴瓦;16—外油管;17—下轴瓦;18—组合螺栓;19—绝缘垫板;20—绝缘套管;21—紧固螺钉;
22—限位螺钉;23—紫铜垫片;24—橡胶石棉垫;25—发电机小轴

图 5-13　常见的受油器结构

外油管 16、内油管 8 和上、中、下三个轴瓦将受油器分为上、下两个空腔,它们分别和叶轮配压阀的关闭油路、开启油路连通。内油管 8 内的油路通过径向孔与受油器的上腔连通。内、外油管之间的油路与受油器的下腔连通。

自整位受油器结构如图 5-14 所示。其特点是上轴瓦、中轴瓦、下轴瓦均具有一定的径向调位能力,有效地缓解了内、外油管别劲烧瓦现象,安装和检修比较方便。

2.操作油管

操作油管布置如图 5-15 所示,由内油管 12 和外油管 11 等组成。内油管内的油路,经桨叶接力器活塞的斜向孔与桨叶接力器的下腔(关闭腔)接通。内油管和外油管之间形成的油路,经径向孔与桨叶接力器的上腔(开启腔)接通。外油管与主轴内壁之间形成的回油路,上部与甩油盘的回油腔连通,下部通过径向隔板的径向孔与操作杆内的回油孔连通。操作油管分上、中、下三段,各段之间采用法兰连接。为增加其刚度,在主轴中心孔内装有一定数量的引导瓦。在装有引导瓦的部位,操作油管焊有导向套。

当导叶开度增大或水轮机工作水头增大时,调速器协联机构动作,使压力油经过叶轮配压阀的开启腔进入受油器的下腔,再通过内、外油管之间的油路进入桨叶接力器上腔(开启腔),使接力器活塞下移,推动桨叶操作机构动作,增大桨叶转角。接力器下腔(关

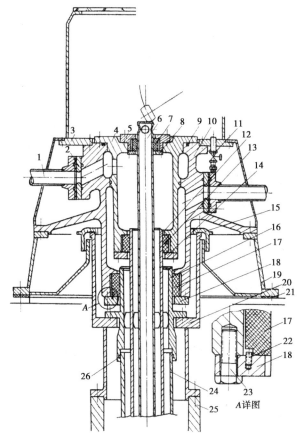

1—压力油管；2—节流板；3—受油器顶筒；4—中轴瓦座；5—上轴瓦座；6—回油管；7—上轴瓦；
8—上压板；9—止漏盘根；10—下轴瓦座；11—排气阀；12—内油管；13—中轴瓦；14—中压板；
15—甩油盘盖；16—外油管；17—下轴瓦；18—下压板；19—受油器底座；20—甩油盘；21—绝缘垫板；
22—紧固螺钉；23—压板螺钉；24—上操作油管；25—发电机小轴；26—密封圈

图 5-14 自整位受油器结构

闭腔)的压力油经过桨叶接力器活塞的斜向孔进入内油管内的油路,再进入受油器的上腔,排至叶轮配压阀的关闭腔。

增大桨叶转角的反馈信号,以内油管向下位移的形式,带动恢复轴承向下位移,拉动钢丝绳向调速器输出反馈信号,使叶轮配压阀居中,桨叶停止转动。减小桨叶转角的工作过程与此相似。

在 20 世纪 90 年代后制造的新型机组中,通常采用位移传感器来代替反馈钢丝绳,提高了调节运行的稳定性。

3.桨叶操作系统的动作过程

图 5-16 为桨叶操作系统动作示意图。在导水机构导叶动作的同时,通过调速器内的连杆传递,转轮桨叶的协联凸轮装置 1 动作,控制配压阀 3,使高压油经压力油管进入受油器 2,再经操作油管 5 至转轮接力器 6 的一腔,高压油推动活塞,接力器另一腔向外排油,顺着另一条油管返回至配压阀。图 5-16 所示为开启桨叶转角油路,桨叶关闭则相反。

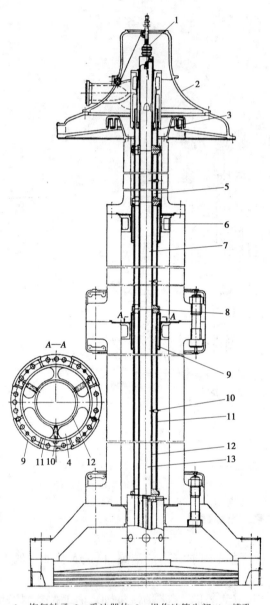

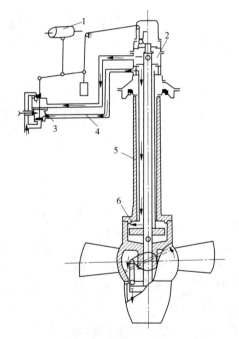

1—恢复轴承;2—受油器体;3—操作油管头部;4—槽孔;
5—上油管;6—钢套;7—中油管;8—法兰;9—导向管;
10—螺钉;11—外油管;12—内油管;13—下油管

图 5-15　操作油管布置

1—凸轮装置;2—受油器;3—配压阀;
4—压力油管;5—操作油管;6—转轮接力器

图 5-16　轴流转桨式水轮机转轮桨叶操作系统

转轮体内的渗漏油积满后,由外管和主轴内孔间的外腔(C 腔)向上,再通过甩油盆底孔进入甩油盆,在甩油盆离心力的作用下甩入受油器底座,经渗漏油管排回至调速器的回油箱。

4.桨叶操作机构的回复机构

桨叶操作机构的动作体现于转轮接力器的行程或桨叶转角 Φ 上。回复机构将转轮接力器的行程作为负反馈信号传回给调速器,使转轮接力器的主配压阀复原而稳定运行。

回复机构由操作油管的内管、回复节、滑轮组、细钢丝绳和平衡重锤等组成。在操作油管内管顶部、外形像"烟斗"的部件就是回复节,其中间是带动同期发电机的花键轴。操作油管在旋转过程中,由于回复节中有滚珠轴承,故回复节外壳不转,从而避免回复机构引起转轮主配阀的不断摆动。当操作油管上下动作时,回复节跟随操作油管的位移,从而反馈转轮接力器活塞的行程,通过与之相连的细钢丝绳的外放或内收,使平衡重锤下降或上升,再由杠杆作用于转轮主配压阀,其活塞上移或下移回复到中间位置,遮断了向操作油管外管或内管给油的油口。此时,主配压及受油器对压力油不供也不排,转轮接力器活塞停止运动,桨叶停止转动,完成一次调节指令。

二、轴流式水轮机其余部件

(一)主轴

轴流转桨式水轮机主轴的作用和结构基本上与混流式相同,其区别在于:轴心不能用于轴心补气,而是用来装置操作油管的。主轴型式一般与混流式的双法兰型相同。还有一种带扩大法兰(兼作转轮体上盖)的主轴型式,即与发电机轴连接的一端为法兰,而与转轮连接的一端为转轮体上盖,适用于中型轴流转桨式水轮机的主轴。

(二)蜗壳

1.蜗壳的平面包角概念

如图 5-17 所示,由蜗壳末端到蜗壳任一横截面之间所形成的圆心角,称为蜗壳的平面包角,通常用符号 φ 表示。从蜗壳末端到蜗壳进口断面之间所形成的圆心角为最大包角 Φ_{max}。当蜗壳最大包角 $\Phi_{max} \leq 270°$ 时,称为非完全蜗壳。

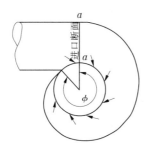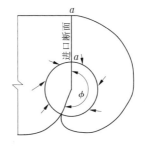

图 5-17　蜗壳包角

2.混凝土蜗壳的应用条件和结构特点

目前,对于水头在 40 m 以下的轴流式水轮机,一般采用混凝土非完全蜗壳,其断面形状呈 T 形或 Γ 形,其包角在 135°~270°内,而以 180°应用较多,设计水头高者取大值。

为防止混凝土透水,当水头较高时,在蜗壳内壁装置有钢板里衬。如水中含沙量较大,为了防止混凝土表面迅速地受破坏,特别在接近座环的位置上敷设一层钢板里衬,该里衬与座环的上、下环钢板连成一体。

当水头大于 40 m 时,轴流式水轮机也可采用圆断面的金属蜗壳。

(三)座环

因轴流转桨式水轮机使用水头低,设计上大多采用混凝土蜗壳,在座环的结构上不需考虑一般混流式水轮机座环与金属蜗壳的连接要求,座环完全是一个承压构件。并且,由于应用水头低,轴流式水轮机的转轮直径增加,因而座环的直径和高度都比同容量的混流式水轮机要大得多,必须更多地考虑座环在制造和运输方面的方便性和可能性。

整体式座环的组成和结构与混流式水轮机的座环相似。轴流式水轮机还有一种支柱式座环,如图 5-18 所示,由分别组合成整体的上环和若干个支柱组成,支柱和上环用螺栓在安装现场组合,它没有下环,支柱的下法兰直接浇注于混凝土中,这在制造和运输上都是比较方便的,但整体性差,安装与调试也较麻烦。

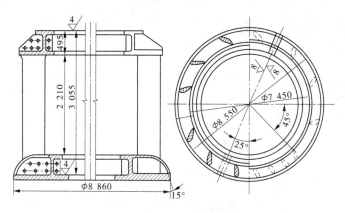

图 5-18　与混凝土蜗壳连接的整体座环　（单位：mm）

混凝土蜗壳采用的座环,其固定导叶的布置是不均匀的,固定导叶的断面面积也不相等,愈靠近末端断面愈小,为了保证其强度,就必须增加导叶的数目,使在蜗壳末端座环上的固定导叶布置得密一些。

(四)转轮室

轴流式水轮机转轮室的上部与底环相连,其下部浇注在尾水管机坑的二期混凝土中或与尾水管钢板里衬的上端相接,从而使转轮室、底环及尾水管构成一刚性整体,保证了机组运行时的稳定。转轮室的内壁在桨叶水平中心线以上为球形,其形状与轮叶的外缘相吻合,以保证在任何桨叶角度时都有最小的漏水损失,改善水流特性。转轮室的外壁加有若干横向环筋和纵向直筋,以加强转轮室的刚度,并改善与混凝土的连接。

在桨叶出口处的转轮室内表面,常常产生相当严重的气蚀和磨损现象,必须采取抗磨损、抗气蚀的措施。我国通常都是在铸钢转轮室内壁上铺焊不锈钢板,或者用内层为不锈钢、外层为碳素钢制造的复合钢板直接焊成转轮室。近年来有的机组转轮室采用不锈钢整铸,抗气蚀、抗磨损效果均较好,但价格较贵。

(五)顶盖

轴流式水轮机的顶盖是一个分瓣的环状组合体。它的直径一般比较大,而且由于引导水流,需向下延伸很长,故除小型机组外,一般采用两件或三件组成,如图 5-19 所示的水轮机顶盖和图 5-20 所示的支持盖结构。支持盖将顶盖里缘的大圆用曲线过渡到与转轮体上端盖相等的小圆。

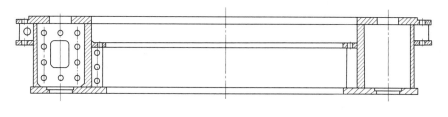

图 5-19　顶盖

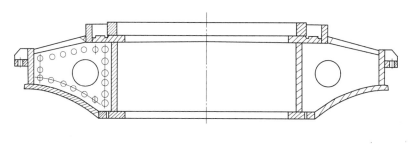

图 5-20　支持盖

在具有一定锥度的筒状支持盖里布置主轴密封和水导轴承,在支持盖上装置控制环或推力支架等。

第三节　水轮机防飞逸装置和防抬机措施

一、水轮机飞逸的基本概念和危害

水轮机在运行中突然甩掉全部负荷,又遇调速系统失灵而不能关闭导水机构,此时,水轮机主轴的输出功率 $N=0$。转轮的功率全部作用于机组转轮部分的加速上,在这种特定条件下,机组转速升高的运行工况称为水轮机(或机组的)飞逸工况,相应的机组转速称为飞逸转速,用符号 n_f 表示。

机组最大飞逸转速 n_{fmax} 与机组额定转速 n_r 之比,称为飞逸系数,用符号 K_f 表示,其表达式为 $K_f = n_{fmax}/n_r$。

一般,混流式水轮机的飞逸系数 $K_f = 1.9 \sim 2.2$;轴流式水轮机的飞逸系数 $K_f = 2.0 \sim 2.6$;水斗式水轮机的飞逸系数 $K_f = 1.6 \sim 2.0$。

由于水力机组存在发生飞逸的可能性,所以机组转动部分的结构强度是按机组最大飞逸转速 n_{fmax} 所产生的离心力进行设计的。因为圆周运行的离心力与物体转动的角速度平方成正比,如圆周速度增加 2 倍,离心力则增加 4 倍。可见,机组在飞逸工况时,产生的离心力是很大的。如不采取措施,强大的离心力可能损坏机组转动部件或轴承,引起机组及厂房强烈振动而使厂房结构、蜗壳、钢管等遭受破坏,因此会减少机组的运行小时数,降

低机组的使用寿命。

二、机组飞逸的防护措施

限制飞逸转速能大大降低发电机和整个机组的重量和造价。我国规定,机组发生飞逸工况运行时间不允许超过 2 min。目前所采取的机组飞逸防护措施有两类:一类是用增加水力损失的方法;另一类是截断水轮机流量的方法。

(一)增加水力损失的方法

(1)制动桨叶。为了降低飞逸转速,有的转桨式水轮机曾采用过由制动桨叶、锁闩机构、转轴和接力器组成的制动桨叶。

其工作过程:当水轮机在正常转速时,制动桨叶处于转轮的泄水锥内,当转速高于额定转速而达某一值时,离心力克服了制动桨叶的锁闩力,制动桨叶便绕其转动轴转一角度,在水中张开形成制动力矩,起阻压作用。当水轮机停转后,在其油压接力器的控制下,制动桨叶关闭到原来位置。

(2)开大桨叶转角。利用桨叶转角较大时飞逸转速有所下降的特性,在发生飞逸时,使桨叶转角增大,从而降低飞逸转速。但在飞逸工况下增大桨叶转角,可能会引起机组强烈振动,同时需增大转轮桨叶操作机构零件的尺寸。

(二)截断水轮机流量的方法

(1)设置快速闸门。在水轮机引水管道的入口处装快速闸门或者在蜗壳进口前装主阀,当水轮机发生飞逸时,可通过动水关闭快速闸门或主阀来截断水流,缩短机组飞逸的时间。其可靠性较高,但增加了设备成本(20%~30%)和设备维护的工作量。

(2)增设事故配压阀和过速限制器。在调速系统中装置事故配压阀和过速限制器。当机组甩负荷且调速系统失灵时,用电磁配压阀通过切换阀去操纵油压阀,再使事故配压阀动作,启用单独的压力油源执行关闭导水机构的任务。这种方法在我国应用比较普遍。

(3)导叶自关闭。利用作用在导叶上的水力矩可附加其他作用力而使导叶向关闭方向运动的特性,称为导叶自关闭特性。当机组发生事故时,将导水机构接力器的开腔压力油撤掉,导叶便在水力矩(或附加力)的作用下,克服摩擦力矩自动关闭,截断或者减小水轮机流量,从而阻止机组产生飞逸。

三、机组的抬机事故

(一)抬机现象及后果

机组在甩负荷和事故紧急关闭导叶时,尾水管内由于真空而中断了水流的连续性,有可能出现尾水倒灌,并有强烈的反水锤。水轮机由空载转为调相运行时,导叶由空载缓慢关至零,也会产生反向轴向力。只要上述两种反向轴向力大于机组转动部分的总重量,就会使机组转动部分抬起一定高度,称为抬机。

抬机现象会形成强烈的破坏作用。它会导致发电机电刷和集电环损坏、励磁机电板接线脱落、转子风扇损坏甩出,造成水轮机转轮桨叶断裂、导叶及座环支柱被打断等恶性事故。

(二)防止抬机的措施

为防止或减少机组转动部分上抬事故的发生,技术上常采用如下措施:

(1)在顶盖上装置真空破坏阀并经常保护其动作的准确及灵活。

(2)调整导叶的关闭时间。在保证机组甩负荷后其转速上升值不超过规定值的条件下,可适当延长导叶的关闭时间。

(3)当机组出现甩负荷时,采用向转轮室补入压缩空气的方法来防止机组抬机。

(4)装设限制抬机高度的限位装置。当机组出现抬机现象时,使抬机高度限制在允许的范围内,以避免设备损坏。

(5)选择合理的导叶关闭规律,采用分段关闭装置。在保证机组转速上升值不超过规定值的条件下,将导叶的关闭过程分段进行。由于延长了导叶关闭时间,一方面降低了转轮室的真空值,另一方面降低了导叶关至最小开度时的机组转速,从而减少甩负荷后所出现的反向轴向力。

第四节　轴流式水轮机结构实例

如图 5-21 所示为 ZZ560-LH-1130 型轴流转桨式水轮机结构,转轮代号为 560,立轴、混凝土蜗壳,转轮直径为 1 130 cm,它是东方电机厂为我国某大型水电厂生产的大型水轮机。水轮机基本参数为:最大水头 H_{max} = 27 m,额定水头 H_r = 18.6 m,最小水头 H_{min} = 10.6 m,额定流量 Q_r = 1 130 m³/s,额定转速 n_r = 54.6 r/min,飞逸转速 n_F = 120 r/min,额定输出功率 P_r = 175.3 MW,轴向水推力 F_a = 21 867.4 kN,水轮机总重 2 160 t,吸出高度 H_s = -8 m,安装高程 Z = 36.6 m。

有两台水轮机,其中一台水轮机桨叶采用 15MnMoVCu 钢铸造,在桨叶易空蚀部位堆焊 4 mm 厚的不锈钢;另一台水轮机桨叶采用 0Cr13Ni6Mo 不锈钢整体铸造。桨叶的转角 φ 范围为 -10° ~ + 24°,桨叶的操作机构比较特殊,转轮接力器与桨叶操作架合二为一,并布置在转轮下的泄水锥内。这种结构使转轮重心与导轴承之间的距离缩短,重心下移,使机组运行的稳定性提高。转臂与枢轴和桨叶为分开结构,采用螺栓连接。转轮为球形,轮毂比为 0.4,桨叶密封采用 λ 形橡胶密封。

该机的蜗壳为混凝土蜗壳,断面为平顶式 F 形,蜗壳包角 180°,座环为上环和固定导叶用螺栓连接在一起的组合结构,上环共分 8 瓣。固定导叶 17 个,采用 ZG20MnSi 分两段铸造后焊接而成,其中 1、4 号为中空特殊固定导叶,供顶盖自流排水用。基础环分 4 瓣,用 ZG20MnSi 钢铸造而成,其上设有 4 个安装转轮时用来悬挂转轮的凹台,此凹台在安装完毕后,应用补平块补平。

导水机构的形式为径向式,活动导叶 32 个,用 ZG20MnSi 整铸,导叶布置圆直径为 1.31 m,导叶高度为 4.54 m。为防止锈蚀,对导叶轴颈进行了电镀。导叶密封采用橡胶密封,导叶轴套用尼龙 1010 制成。为防止泥沙进入轴颈,在导叶中下轴颈处均采用橡胶密封。导水机构的传动机构为叉头式,保护装置为剪断销,当剪断销被剪断时备有不停机更换剪断销的工具。导水机构接力器为 2 只 ϕ 900 mm 的环形接力器,缸体安装在支持盖上,活塞与控制环直接相连。

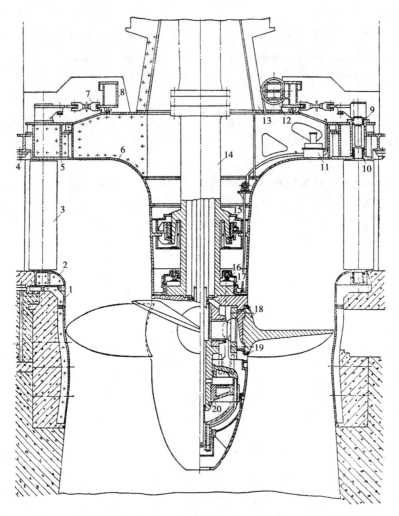

1—基础环;2—底环;3—导叶;4—座环;5—顶盖;6—支持盖;7—导叶传动机构;
8—控制环;9—导叶轴套;10—套筒密封;11—真空破坏阀;12—接力器;13—推力轴承支架;14—主轴;
15—导轴承;16—主轴密封;17—检修密封;18—转轮;19—桨叶密封;20—转轮接力器兼操作架

图 5-21　ZZ560-LH-1130 型轴流转桨式水轮机结构

主轴形式为双法兰空心结构,轴中心装有操作油管,主轴带轴领,分段锻造后用电渣焊接成整体,材料为 18MnMoNb。水导轴承为分块瓦式导轴承,采用稀油自循环润滑,在油槽的下部装有半环式油冷却器。共有 10 块轴瓦,其中 5 块轴瓦安装电阻型温度计,其余 5 块轴瓦安装膨胀信号温度计。在轴承下方安装有端面可调的水压密封,为防止抬机时损坏密封,在密封盖上特设有减压排水阀。这样既可自动补偿密封块的磨损量,又可使密封面的压力保持稳定和均匀,同时还能防止泥沙进入密封面。检修密封采用空气围带式。尾水管为专门设计的弯肘型尾水管,高度为 27.12 m,长度为 50.85 m,因尾水管水平扩散段跨距较大,设有两个支墩。为防止机组抬机和反水锤,调速器装有导叶分段关闭装置,并在顶盖上装 4 只真空破坏阀。防飞逸装置采用 ϕ 200 mm 事故配压阀。

第六章 其他型式水轮机

第一节 贯流式水轮机

一、概述

我国低水头水力资源十分丰富,该资源一般均处于江河中下游的经济发达地区。尤其是 20 世纪 90 年代以后,这些地区经济发展迅速,用电需求增速飞快。该地区一般都是能源紧缺地区,可开发的中高水头水力资源早在 20 世纪 90 年代以前就已开发得差不多了。为满足该地区经济迅速发展的需要,人们又转而开发低水头水力资源。随着国内贯流式机组设计、制造水平的提高,贯流式机组应用日益增多,特别是在 25 m 以下的水头段中已基本取代轴流式机组。它与中高水头水电站及低水头立轴的轴流式水电站相比,具有以下显著的优点:

(1)流道结构简单,水力损失小。水电站从进水到出水,方向基本上是轴向贯通,形状简单,水流流动方向变化不大,所以水力损失小。

(2)机组过水能力大,比转速和效率高。在水头和功率相同的条件下,贯流式水轮机直径要比轴流转桨式的小 10% 左右,效率比轴流转桨式的高 3% ~5% 。

(3)机组尺寸小,质量轻。在水头和单机容量相同时,贯流式机组比轴流转桨式机组转轮直径小 15% 左右,其质量约轻 25% 。

(4)结构布置紧凑,土建投资少。由于贯流式机组取消了复杂的引水系统,减小了土建开挖量,同时结构紧凑,使得厂房面积减小,因此贯流式机组与轴流转桨式机组相比,土建费用可节省 30% ~40% 。

(5)贯流式水轮机适合作可逆式水泵水轮机运行,可应用于具有双向发电、双向抽水和双向泄水的潮汐电站。

二、贯流式水轮机的分类形式

根据结构特点和布置形式,目前贯流式水轮机可分为全贯流式和半贯流式两大类。

(一)全贯流式水轮机

全贯流式水轮机的发电机转子磁极与水轮机转轮桨叶合为一体,而发电机的定子磁极直接安装在水轮机桨叶的外缘上,其上有密封防止渗漏,如图 6-1 所示。其主要特点是:结构更紧凑,轴线短,厂房土建投资少,且安装检修方便,机组运行稳定性好,但制造工艺要求高,密封装置复杂,现已很少采用。

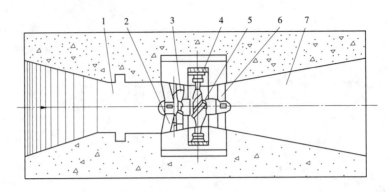

1—引水管;2—前固定导叶;3—导水机构;4—发电机定子;5—转轮;6—后固定导叶;7—尾水管

图 6-1　全贯流式水轮机

(二)半贯流式水轮机

半贯流式水轮机又可分为轴伸贯流式、竖井贯流式、虹吸贯流式和灯泡贯流式。

1. 轴伸贯流式

这种贯流式机组均采用卧式布置,如图 6-2 所示,其轴为水平或略微倾斜,并与流道外的发电机相连,在水轮机与发电机之间布置有增速器,尾水管呈 S 形。由于其轴线较长,轴封困难,且厂房的噪声较大,所以一般应用于小型机组。

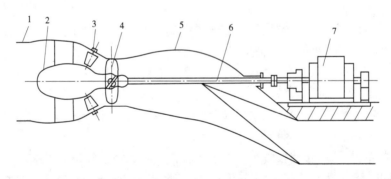

1—引水管;2—灯泡体;3—导水机构;4—转轮;5—尾水管;6—主轴;7—发电机

图 6-2　轴伸贯流式水轮机

2. 竖井贯流式

竖井贯流式机组是将发电机布置于一竖井内,水轮机与发电机是通过齿轮或皮带等增速装置连接在一起的,如图 6-3 所示。它具有防潮、通风性好、运行和维护检修方便等优点,因竖井增加引水流道的水力损失,效率相对较低。竖井贯流式水轮机在小型电站中应用较多。

3. 虹吸贯流式

虹吸贯流式机组是把水轮机装在一虹吸管道中而得名的,如图 6-4 所示。它具有厂房基础开挖量少、厂房结构简单、机组运行和安装维护方便等特点。虹吸贯流式水轮机适用于上游水位变化不大的低水头小型电站。

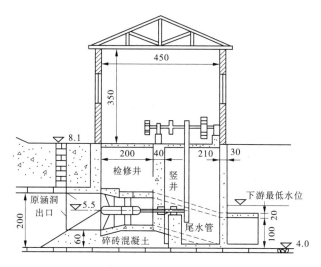

图 6-3 竖井贯流式水轮机 （单位:高程,m;尺寸,cm）

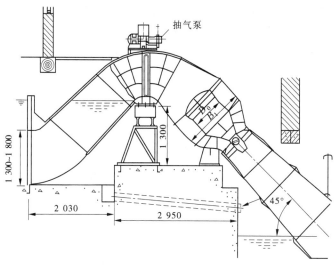

图 6-4 虹吸贯流式水轮机 （单位:mm）

4.灯泡贯流式

灯泡贯流式水轮机是目前低水头电站中应用最广泛的贯流式机型。它是把发电机密封安装在水轮机上游侧一个灯泡形的金属壳体中,水轮机转轮与发电机主轴水平连接,如图 6-5 所示。其优点是:由于流道中的水流畅直,水力损失小、效率高;具有较大的单位流量和较高的单位转速,在相同水头和出力条件下,机组尺寸小、质量轻,同时减小了厂房平面尺寸,使得土建投资和机组造价降低。其缺点是容易造成透水事故,安装检修比较困难。

三、灯泡贯流式水轮机结构

(一)灯泡贯流式水电站

灯泡贯流式水电站是开发低水头水力资源最好的方式,一般应用于 25 m 水头以下。

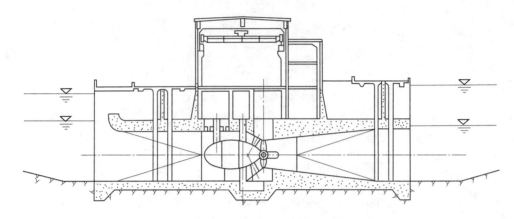

图 6-5　灯泡贯流式水轮机

它与中高水头水电站、低水头立轴的轴流式水电站相比,具有如下显著的特点:

(1)电站从进水到出水方向基本上是轴向贯通,如灯泡贯流式水电站的进水管和出水管都不拐弯,形状简单,过流通道的水力损失减少,施工方便。

(2)灯泡贯流式水轮机具有较高的过流能力和较高的比转速,所以在水头和功率相同的条件下,灯泡贯流式水轮机直径要比轴流式的小 10% 左右,机组转速较轴流式机组高两挡以上。

(3)灯泡贯流式水电站的机组结构紧凑,与同一规格的转桨式机组相比其尺寸较小,没有复杂的引水系统,可减小厂房的建筑面积,亦可减小电站的开挖量和混凝土量,根据有关资料分析,土建费用可以节省 20% ~ 30% 。

(4)灯泡贯流式水电站一般比立轴的轴流式水电站建设周期短、投资小、收效快、淹没移民少, 电站靠近城镇,有利于发挥地区兴建电站的积极性。

(二)整体结构

灯泡贯流式机组为卧轴水平布置方式。灯泡体是灯泡贯流式机组的核心部分,其外部作为过水流道的一部分,内部布置着机组主轴、轴承、发电机定子、转子等部件。灯泡体及轴系的支撑方式是决定灯泡贯流式机组整体结构的重要因素,也将影响到灯泡贯流式机组的长期安全稳定运行。

灯泡体是大型的薄壳外压容体结构,承受着水压力、转动及固定部分重量、水浮力、水推力、发电机电磁扭矩和热应力等静荷载,还承受着水压脉动、机械振动、发电机不平衡磁拉力、短路力矩等动荷载。因此,应对灯泡体的应力、应变、模态、固有频率等进行深入分析,以保证灯泡体静态、动态稳定,避免发生有害振动及共振。

1. 灯泡体支撑方式

从受力情况来看,灯泡贯流式机组与立式机组最大的不同点是:立式机组的转动部分重量和轴向水推力均由推力轴承承受,径向轴承仅承受不平衡径向力;而灯泡贯流式机组的推力轴承仅承受轴向水推力,其转动部分重量由导轴承承受。

按灯泡体向基础传递力和力矩作用的不同,灯泡体的基础支撑可分为主支撑和辅助支撑两部分。

对于大型灯泡贯流式机组,通常以水轮机管形座为主支撑,用以承受水推力、转动及固定部分重量、水浮力、发电机不平衡磁拉力等荷载;而辅助支撑则通常设置在发电机侧的灯泡头(或中间环)上,用于平衡重量(浮力)及水推力。图6-6为此支撑结构的布置示意图。

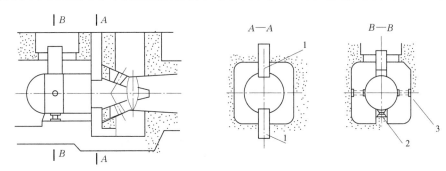

1—管形座主支撑；2—辅助垂直支撑；3—辅助水平支撑

图6-6　灯泡体基础支撑示意图

作为主支撑的管形座,向基础传递力和力矩的方式主要有支柱式和固定导叶式两种。

支柱式管形座一般由内、外壳体和上、下立柱(竖井)四大部件组成。内、外壳体接受定子、导水机构等相邻部件传来的作用力和力矩,将其传递至上、下立柱,再由上、下立柱传递至混凝土基础。上、下立柱既是重要的受力部件,又作为进人通道。由于该支撑结构简单、可靠,目前已在国内外大中型灯泡贯流式机组中广泛应用。

固定导叶式管形座(又称座环)一般为整体或分两瓣结构,其内、外壳体之间通常与6~8只固定导叶焊接成一体。其中垂直方向布置的2只固定导叶尺寸较大,与上、下立柱类似,也作为进人通道。此支撑结构整体刚度好,受力较均匀。但因结构较复杂,使用受到一定限制。

辅助支撑有多种结构形式,其典型结构是在灯泡头(或中间环)的下部设垂直支撑和在灯泡头(或中间环)的水平方向两侧设水平防振支撑。

垂直支撑应允许轴向及周向位移,以适应定子机座的膨胀。根据垂直支撑的受力情况,可采用一个或两个球铰结构。

设在灯泡头两侧的水平防振支撑,通常也采用球铰结构,支撑于流道两侧的基础上。根据灯泡头的大小可采用刚性支撑结构或弹性支撑结构。

此外,也有在灯泡头外侧相隔120°布置辅助支撑的方式。

2.轴系支撑方式

目前,大型灯泡贯流式机组轴系支撑有两导轴承和三导轴承两种方式。

三导轴承结构为,在发电机转子的两侧各布置一个发导轴承,在水轮机转轮上游侧布置一个水导轴承。推力轴承可布置在发电机转子的上游侧或下游侧,常与其中的导轴承组合布置,水轮机转轮为悬臂结构,如图6-7所示。该布置方式类似于立式机组三导轴承的悬式或伞式结构,一般用于高水头大容量的灯泡贯流式机组。

轴系采用三导支撑时,机组结构复杂,安装、检修难度加大,造价也增加。由于灯泡头尺寸加长,对水力性能也不利,目前只有当两导支撑不能满足结构技术要求时,才推荐采用。

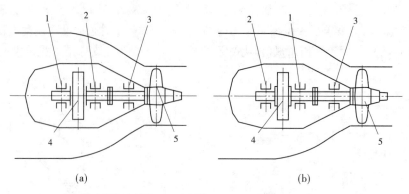

1—推力/发导组合轴承；2—发导轴承；3—水导轴承；4—转子；5—转轮

图6-7   三导轴承支撑示意图

两导轴承结构为只在发电机转子的上游侧或下游侧布置一个发导轴承,在水轮机转轮上游侧布置水导轴承。推力轴承与发导轴承组合布置,称为组合轴承,如图6-8所示。其中,尤以图6-8(b)所示的结构最受欢迎。从图6-8(b)中可看出,该支撑结构的两个导轴承位于水轮机转轮和发电机转子之间,构成双悬臂支承方式,这类似于立式机组的全伞式结构。由于该支撑结构简单、可靠,性价比高,运行维护方便,成为目前国内外大中型灯泡贯流式机组轴系支撑的主导结构。

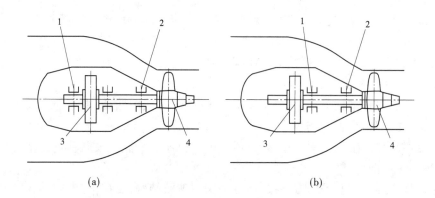

1—推力/发导组合轴承；2—水导轴承；3—转子；4—转轮

图6-8   两导轴承支撑示意图

尽管两导支撑与三导支撑相比具有明显优势,但因两导支撑受到轴承负荷大小及负荷平衡性的限制,有时被迫采用三导支撑。为此,拓宽两导轴承的使用范围是国内外制造厂商永恒的课题,树脂瓦在导轴承上的应用也就应运而生了。

3. 典型布置结构

图6-9为灯泡贯流式机组的典型结构。水流经灯泡头流向转轮,为前置灯泡式结构。灯泡体以管形座为主支撑,灯泡头设辅助支撑,机组所受到的所有力和力矩都通过主、辅支撑传递到混凝土基础上。

水轮机与发电机采用直接连接,并合用一根主轴。轴系采用二导轴承结构。在靠近

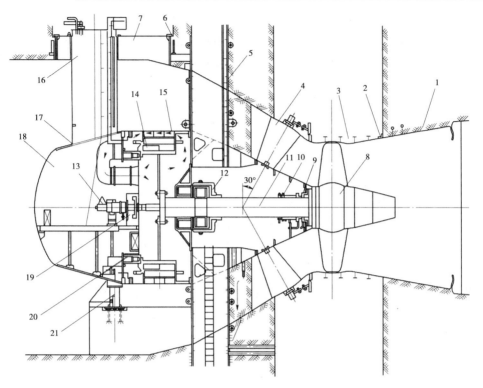

1—尾水管里衬；2—伸缩节；3—转轮室；4—导水机构；5—管形座；6—框架；7—盖板；8—转轮；
9—主轴密封；10—水导轴承；11—主轴及操作油管；12—组合轴承；13—受油器；14—转子；
15—定子；16—竖井；17—冷却锥；18—灯泡头；19—滑环刷架；20—制动器；21—垂直支撑

图6-9 灯泡贯流式机组的典型结构

水轮机转轮侧布置水导轴承，靠近发电机转子侧布置推力和发导组合轴承，为典型的双悬臂支撑结构。

水轮机本体主要由尾水管里衬、伸缩节、转轮室、导水机构、管形座、框架、盖板、导流板、转轮、主轴及操作油管、水导轴承、主轴密封、接力器、受油器等部件组成。

发电机本体主要由定子、转子、组合轴承、中间环（冷却锥）、竖井、灯泡头、垂直支撑、水平支撑、制动器、滑环刷架等部件组成。

水轮机为双调节方式，受油器布置在发电机灯泡头内，接收调速系统来油，通过操作油管和接力器来操纵叶片的开启和关闭。

水导轴承和推力/发导组合轴承采用压力油润滑、外循环水冷却方式，并共用一套油冷却系统。此外，还设有高压油顶起装置，在机组开、停机期间，将高压油注入导轴承。

水轮机侧和发电机侧各设有一个竖井，作为安装、检修和运行维护人员的进出通道，并布置机组操作所需的油、气、水管路及电缆等。机组安装、检修时，各部件通过转轮室竖井和发电机框架竖井，可方便地吊入、吊出。

中间环设计成夹层结构（此时又称为冷却套），作为发电机水—水二次冷却的热交换通道，其过流面采用不锈钢和碳素钢复合钢板制作。

在尾水管（或转轮室）上，设有进入流道内的进人门。在发电机侧的盖板上，通常也设置进人孔,以方便安装和检修工作。在进水流道和尾水管最低高程处,设有机组检修排水孔,在厂房底层设有机组检修排水阀。机组检修时,将流道里的水排至集水井。

灯泡贯流式机组的飞轮力矩较小,为满足调节保证要求,导叶通常采用分段关闭方式。为此,需在导叶接力器操作油管上设置分段关闭装置。为防止灯泡贯流式机组发生飞逸,通常在导水机构设计中,设有重锤关机系统。此外,在尾水出口还应设置动水关闭的事故闸门。

4. 垂直支撑

垂直支撑设置在灯泡头(或中间环)的下部,通过预埋基础螺栓将灯泡头固定在混凝土支墩上。也有采用垂直支撑布置在定子机座上的结构。垂直支撑的联结采用球面结构,以允许灯泡体在运行中因定子温升而产生一定的轴向位移(一般小于 1 mm)。这种灯泡体可轴向自由膨胀的结构可大大降低灯泡体和基础的热膨胀应力。

根据机组灯泡体尺寸和容量的大小,垂直支撑可设置双支撑或单支撑结构。

5. 水平支撑

水平支撑布置在灯泡头(或中间环)左右两侧的流道内,通过基础螺栓将其固定在流道两侧的混凝土墙上。左右两侧的水平支撑设有一定的对称预紧力,使灯泡体可以承受水流、机械和电磁的不平衡侧向力,以防止灯泡体在运行中产生有害的振动。

水平支撑靠近流道墙和灯泡体的两端均设有球面支铰,以保证灯泡体在运行中在轴向可以自由伸缩。水平支撑的预紧方式有螺栓千斤顶式,也有操作简单可靠的内油缸千斤顶式结构。

(三)转轮与转轮室结构

转轮是灯泡贯流式水轮机的重要部件,为适应水头的变化及负荷的调节,通常采用转桨式结构。与轴流转桨式水轮机转轮不同,灯泡贯流式水轮机转轮的操作机构优先采用缸动结构,以利于结构布置和提高机组的运行稳定性。

所谓缸动结构,即在操作叶片转动时,转轮接力器活塞不动,油压力驱动接力器缸移动,带动叶片操作机构运动,从而带动叶片转动。

在转轮外部的导水机构与尾水管里衬之间设有转轮室,转轮室是灯泡贯流式水轮机的重要过流部件。

1. 转轮结构

图 6-10 为典型的转轮结构图。转轮主要由转轮体、叶片、枢轴、拐臂、连杆、叶片密封、活塞缸、活塞杆、活塞、泄水锥等部件组成。转轮体采用铸钢材料,在过流面叶片的转动范围内应采取堆焊不锈钢等防磨蚀措施。叶片采用抗磨蚀性能良好的低碳马氏体不锈钢铸造,叶片外缘可设置抗空蚀裙边。

2. 转轮室

与立式机组不同,灯泡贯流式机组的转轮室不埋入混凝土中,并且必须分瓣,以满足机组安装、拆卸的需要。因此,转轮室应具有足够的刚度和抗磨蚀性能,以确保机组的长期安全稳定运行。转轮室为球体结构,通常采用模压钢板焊接而成。以往的结构常在转轮室上设置进人孔和转轮顶起孔,造成在转轮室的开孔部位磨蚀加剧。现设计改进后,可将顶轴装置设置在水导轴承处,将流道进人孔移至尾水管衬处。这样,就不需要在转轮室

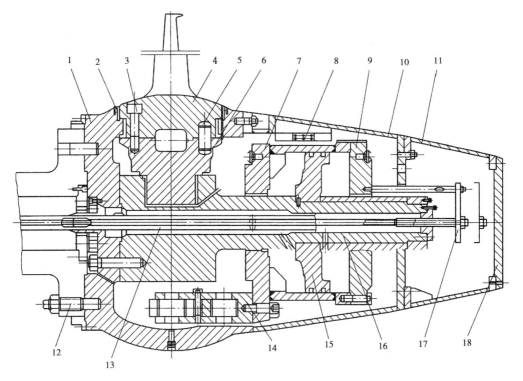

1—转轮体；2—叶片密封；3—叶片螺栓；4—叶片；5—扭矩销；6—垫片；
7—活塞缸；8—导向键；9—活塞缸盖；10—泄水锥Ⅰ；11—泄水锥Ⅱ；12—联轴螺栓；13—操作油管；
14—连杆机构；15—活塞；16—活塞杆；17—反馈机构；18—泄水锥盖

图 6-10 典型的转轮结构

上开孔了。

（四）导水机构

根据灯泡贯流式机组的流道特点，采用了锥角为 60°或 65°的锥形导水机构。锥形导水机构是大型灯泡贯流式机组研制的重点和难点之一，近年来也涌现了许多研究成果。

1. 典型结构

导水机构主要由内导水环、外导水环、导叶、控制环以及导叶操作机构等部件组成，如图 6-11 所示。内、外导水环的球面用钢板压型焊接而成，内导水环尽量做成整体结构，外导水环可根据运输条件分瓣。锥形导叶可为铸件或钢板焊接件，其立面和端面均采用刚性密封。

为使导叶达到长期、稳定的密封效果，在导叶头尾部密合面部位采用铺焊不锈钢板保护，其中尾部密合点设在叶型的外缘。此密封结构简单可靠，加工方便。当需要时，对导叶立面间隙的处理也相当方便。导叶的内外轴头处采取了球轴承的支撑方式，操作导叶转动的连杆机构也采用球轴承结构，以利于锥形导水机构的灵活动作。

控制环支撑在外导水环上，其与外导水环之间的摩擦副首选为滚动摩擦。滚珠间隙的设置要充分考虑相邻部件的变形情况，保证控制环能灵活转动。控制环上除设有接力器操作耳孔外，通常还设置关闭重锤的操作耳孔。

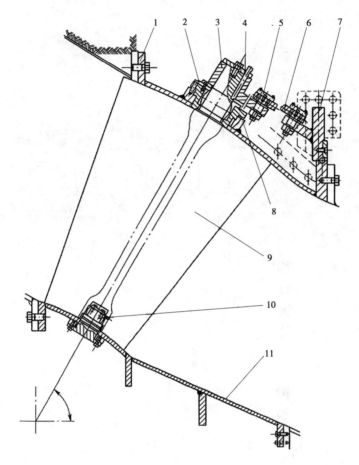

1—外导水环；2—导叶外轴承；3—导叶臂；4—导叶键；5—偏心销；6—连杆装置；
7—控制环；8—调整垫；9—导叶；10—导叶内轴承；11—内导水环

图 6-11　导水机构的结构

2. 导叶保护方式

灯泡贯流式机组所处河流的水质通常较差,常有漂浮物通过水轮机排至下游。因此,对导叶保护方式应格外重视,以确保机组的长期安全稳定运行。运行实践表明,灯泡贯流式机组不宜采用剪断销的保护方式,以防止剪断销的连续剪断而造成机组事故。

目前,锥形导水机构常用的导叶保护方式有液压连杆、弯曲连杆和弹簧连杆等,其结构性能各有优异。液压连杆结构较复杂,安装、检修麻烦,目前已很少采用;弯曲连杆如图 6-12 所示,其结构简单,安装简便,性能稳定、可靠,但当导叶卡阻而导致弯曲连杆作用后,需更换新的弯曲连杆;弹簧连杆(见图 6-13)虽有动作后可自行复归、不需更换元件的优点,但长期使用后弹簧易疲劳,有可能产生误动作。

综上所述,每种导叶保护元件各有利弊,如何合理设置是值得研讨的课题。在此推荐一种"弯曲连杆 + 弹簧连杆"的导叶保护方式,即弯曲连杆与弹簧连杆间隔布置的结构形式。其工作原理为:当导叶被小异物卡阻时,弹簧连杆动作,操纵导叶打开将小异物冲走,从而起到保护作用;当导叶被大异物卡阻时,弹簧连杆经多次动作,大异物仍不能被水冲走。此时,若遇机组事故而紧急停机,则弯曲连杆作用后发生弯曲,但不折断,导叶仍被

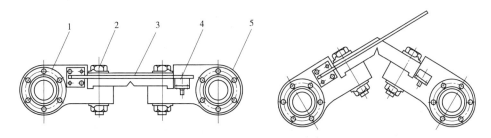

(a)正常工作状态　　　　　　　　　　　　(b)连杆弯曲状态

1—连杆头Ⅰ；2—螺栓；3—连接板；4—信号传感器；5—连杆头Ⅱ

图6-12　弯曲连杆的示意图

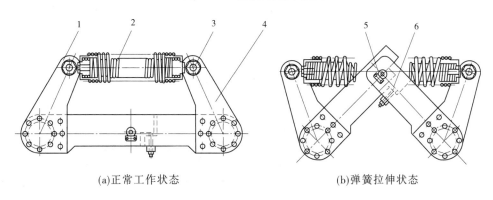

(a)正常工作状态　　　　　　　　　　　　(b)弹簧拉伸状态

1—连杆Ⅰ；2—弹簧装置；3—螺栓；4—连杆Ⅱ；5—连接销；6—信号传感器

图6-13　弹簧连杆的示意图

连杆拉住,可避免导叶的摆动,同时也保护了弹簧连杆。该结构兼顾了弯曲连杆和弹簧连杆的优点,可进一步提高导叶保护的可靠性,使用效果良好,值得推广应用。

（五）重锤关机系统和接刀器锁链

由于灯泡贯流式机组为卧式布置,在防飞逸保护方面最大的特点是可采用重锤关机取代立式机组中常用的事故配压阀。重锤关机的原理为:当油压装置出现事故低油压或调速器发生故障而导致接力器不能正常关闭导叶时,借助于导叶的自关闭趋势和重锤所产生的力矩,克服导水机构关闭时的摩擦力矩等将导叶关闭。

要实现重锤关机,除导叶自关闭力矩加重锤力矩应大于摩擦力矩外,还必须使接力器的油路畅通。为此,应采用高可靠性的组合阀,如图6-14所示。当重锤关机的条件出现时,组合阀自动动作,切断调速器至接力器的油路,使接

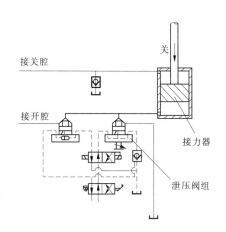

图6-14　重锤关机原理

力器关闭腔自动补油、接力器开启腔接通排油。即使在厂用电消失时,也可通过手动操作,实现重锤关机,从而提高了过速保护的可靠性。

为了避免误动作而造成事故,灯泡贯流式机组通常设有停机或检修时的锁锭保护,以防止导水机构开启。锁链的方式主要有锁接力器和锁控制环两大类,最常用的是锁接力器的方式。以往的接力器锁链装置较为复杂,除可手动和自动操作外,还设有低油压自保护功能。随着调速器可靠性和自动控制及保护水平的提高,取消低油压自保护功能是可行的,这将使接力器锁链装置结构变得简单、可靠。

值得一提的是,由于灯泡贯流式机组常设有关闭重锤,因此在接力器全开位置也应设置结构简单、使用可靠的手动锁锭装置。当机组停机维护、检修时,手动投入该锁链装置,以防止导叶可能突然关闭而引发事故。

第二节　水斗式水轮机

水斗式水轮机又称贝尔顿式水轮机,它与反击式水轮机的水流能量转换特征不同,只利用水流的动能。由于具有结构简单、应用水头范围大、高效率区宽、空化性能好等优点,它是冲击式水轮机中应用最广、发展最快的一种机型。目前,应用水头最高达 1 667 m,单机容量最大达 315 MW。我国已投入运行的最大的冲击式水轮发电机组在四川田湾河水电厂,单机容量为 120 MW。

水斗式水轮机是利用压力钢管引来的高压水能,经喷嘴转化成动能,冲击水斗进行能量转换的。它适用于小流量、高水头的电站。由于安装于尾水位以上,无复杂导水机构,取消了蜗壳和尾水管,所以它具有安装高程不受空蚀限制、平均运行效率高、机组结构简单和土建投资少等显著优势。

水斗式水轮机的布置形式有卧轴和立轴两种。其中,立轴适用于大中型机组,主轴只装 1 个转轮,其中一般有 2 ~ 6 个喷嘴,如图 6-15 所示。卧轴适用于中小型机组,主轴可配置 1 ~ 3 个转轮。由于转轮空间上布置不方便,一般每个转轮周围布置 1 ~ 2 个喷嘴,如图 6-16 所示。

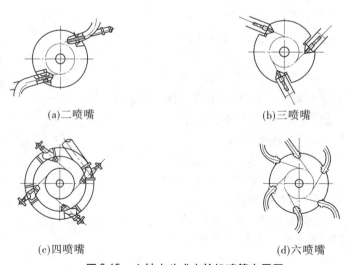

(a)二喷嘴　　　　　　　　　　　　　　(b)三喷嘴

(c)四喷嘴　　　　　　　　　　　　　　(d)六喷嘴

图 6-15　立轴水斗式水轮机喷管布置图

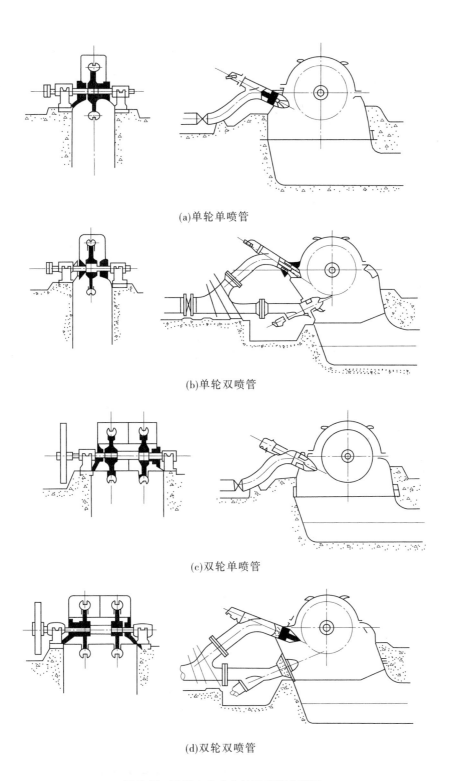

(a)单轮单喷管

(b)单轮双喷管

(c)双轮单喷管

(d)双轮双喷管

图6-16　卧轴水斗式水轮机喷管布置图

第三节　水斗式水轮机结构

图 6-17 为卧轴水斗式水轮机结构简图。它的引水部件为引水管和弯管,其下喷管 15、喷针头 17 和喷嘴头 16 组成了导水机构,工作部件为转轮 5,泄水部件为平水栅 9。此外,还有折向器 10、射流制动器 7、机壳 4、挡水板 18、主轴和轴承等。下面只介绍其中的主要部件。

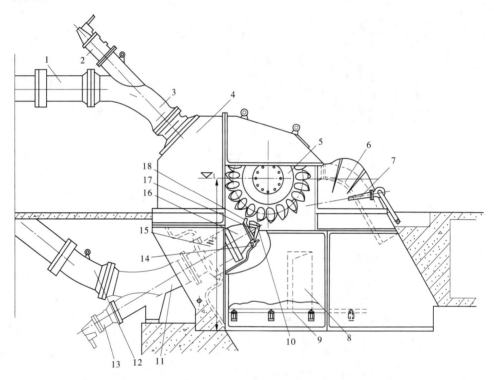

1—上引水管;2—上接力器;3—上弯管;4—机壳;5—转轮;6—导流板;
7—射流制动器;8—进人门;9—平水栅;10—折向器;11—下弯管;12—下引水管;
13—下接力器;14—冷却喷管;15—下喷管;16—喷嘴头;17—喷针头;18—挡水板

图 6-17　卧轴水斗式水轮机结构

一、喷管

喷管由喷管体、喷针、喷嘴头和喷针操纵机构等部分组成。喷管体、喷针和喷嘴头三部件组合成非常有利于形成高速密实射流的渐缩流道,使水流逐渐加速,水流的压能转化为动能,喷出喷嘴。喷管作为能量转换部件,要求以最小的能量损失,完成水流动压能的转换。导水机构由喷针和喷嘴组成,其流量调节是靠改变喷针的位置达到的。当喷针向喷管内移动时,流量增加;向外移动时,流量减小,当喷针向外移动到极限位置时,流量为零。

喷管中的喷针头和喷嘴头是高速水流的过流部件,对气蚀和泥沙磨损特别敏感,线型稍有损坏,会使射流散乱掺气,造成较大的水力损失,故喷针和喷嘴头要用耐磨蚀材料制造。

喷针的控制机构分装在喷管的内部和外部两种,据此,喷管的结构形式可分为内控式和外控式两种。

(一)外控式喷管

外控式喷管结构如图 6-18 所示,主要由喷管、导水叶栅、喷嘴口、喷嘴头、喷针头、喷针杆、平衡活塞、接力器和密封装置等组成。

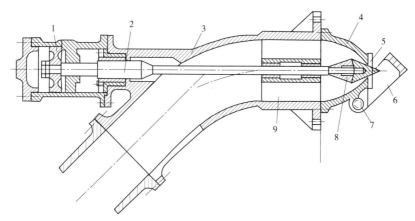

1—接力器;2—平衡活塞;3—弯管;4—喷嘴头;5—喷嘴口;6—折向器;7—圆柱销;
8—喷针头;9—导水叶栅

图 6-18 外控式喷管结构

接力器装置在弯曲形喷管外,喷针杆较长,喷针杆在喷管内扰乱水流,水力条件稍差,喷嘴头 4 固定在带有导水叶栅 9 的弯管 3 上。导水叶栅除作为喷针的支座外,还用来消除水管中水流的旋转。喷嘴头右端固定着喷嘴口 5,喷针头 8 被拧固在喷针杆上以便更换。喷针的移动由液压操作的接力器 1 控制。折向器 6 通过圆柱销 7 铰接在管嘴上。

在这种调节机构中,为了减小轴向水推力,采用加大针阀阀杆在盘根处的直径,即增设所谓的平衡活塞,利用平衡活塞直径的差别,构成一个相反的轴向水推力,方向为开启方向,来平衡针阀关闭方向的水推力,使其合力大为减小,从而达到减小针阀操作力的目的。

(二)内控式直流喷管

内控式直流喷管结构如图 6-19 所示,主要由喷嘴口、喷嘴体、喷针、针杆、喷管体、接力器缸、活塞、弹簧、缸盖、引水锥、定位接头、锥套、摇臂和回复杆等组成。内控式喷针的轴向水推力总是朝着开启方向。喷针装在喷管内的灯泡体中,灯泡体由导水叶栅支撑着,喷管与引水管可直接连接,不需转弯,对水流干扰少,水力效率比外控式喷管提高0.5% ~1%。外控式喷管安装检修时,要留有拔出喷针的厂房空间,内控式无此要求,厂房可小些。

图 6-19 所示的上半剖面,喷针处于关闭位置,关机时定位接头通压力油,喷针活塞在压力油和弹簧作用下,克服喷针开启水推力,向关闭方向缓慢移动(因压油管装有节流

阀），直到全关。

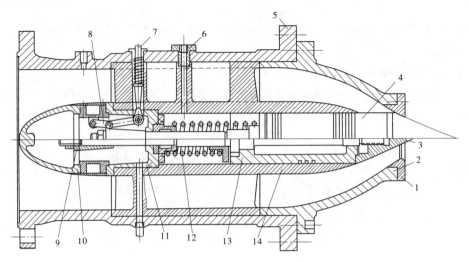

1—喷嘴口;2—喷嘴体;3—喷针;4—针杆;5—喷管体;6—定位接头;7—回复杆;
8—摇臂;9—锥套;10—引水锥;11—缸盖;12—弹簧;13—活塞;14—接力器缸

图6-19　内控式直流喷管结构

图6-19所示的下半剖面，喷针处于开启位置。当需要喷针开启时，定位接头6通排油，喷针在轴向水推力作用下，克服弹簧弹力，向开启方向运动，弹簧同时受压缩。喷针开度大小由锥套9、摇臂8、回复杆7反馈到调速器。当开度合适时，定位接头6既不通压力油，也不通排油，喷针不动。

我国某水轮机厂研制的水压操作的直流喷管示意图如图6-20所示。

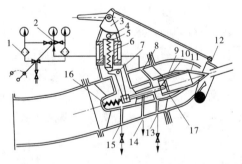

1—双滤水器;2—节流阀;3—协联板;4—滚轮;5—滑动套;6—缓冲弹簧;7—拐臂;8—喷管体;
9—喷针灯泡体;10—针塞;11—喷针;12—折向器;13、14、15—排水管;16—弹簧;17—A腔

图6-20　水压操作的直流喷管示意图

压力操作水引自上游钢管道，经双滤水器1过滤，经节流阀2减压后，进入喷针灯泡体9内A腔。针塞10和喷针11尾端孔相配合形成节流副，喷针尖端开有一个小排水孔，节流副漏水可由此孔随射流喷出。操作针塞的传动机构由滚轮4、滑动套5、缓冲弹簧6和拐臂7等组成。协联板由调速器接力器杠杆控制。

在机组停机状态时，协联板通过滚轮将滑动套压到最低位置，喷针灯泡体内弹簧16

在拐臂作用下被拉长(缓冲弹簧弹力比弹簧 16 的大),拐臂将针塞堵死节流副孔,喷针灯泡体内 A 腔水压很高,其压力克服喷针头上开启静水压力,喷针被压紧在关闭位置。

当机组开启时,调速器接口使协联板逆时针旋转,滚轮 4 随协联板上升,针塞头在喷针灯泡体 A 腔水压力作用下,再加上灯泡体弹簧拉力,克服针塞后退阻力,使针塞后退。此时针塞节流副孔打开,A 腔水由喷针尖孔流出,A 腔水压快速下降,其上游节流阀 2 使来水流速变缓慢,喷针在喷针头开启水压力作用下打开,同时折向器被协联板杠杆打开,射流喷向转轮,水轮机启动。

当喷针开度与负荷相适应时,协联板不动,针塞节流副保持适当漏水,漏水与上游节流阀来水相当,A 腔水压不变,喷针首尾两端轴向水推力平衡,开度不变。

当机组正常减小负荷时,协联板作小角度顺时针旋转,针塞向关机方向相应移动,针塞节流副漏水相应减小,A 腔水压略有升高,使喷针向关机方向移动相应距离,喷针的移动又使节流副漏水量有所恢复,A 腔水压又稍降,直至开度与负荷相适应。当机组正常增加负荷时与上述动作相反。协联板杠杆机构使折向器位置总是贴近射流,而又不影响射流。

当机组快速减负荷或甩负荷时,调速器使协联板快速逆时针转动,由于节流阀限制,A 腔压力水源不足,喷针只能缓慢关闭,此时缓冲弹簧压缩,使协联板带动折向器切入射流,同时传动机构动作,使针塞关闭针塞节流副,A 腔水压增加,随节流阀来流量,缓慢关闭喷针,关闭时间可用节流阀整定。通常大型机组整定为 50 s,中小型机组整定为 15~30 s。

这种水压操作机构彻底隔离了油、水系统,避免了由于密封装置磨损,造成水和油掺混、零件锈蚀发卡的弊端。增减负荷,由喷针两端水压变化自动调节,调节精度高。水压操作机构对水质要求较高,双滤水器不能停机切换,要定期反冲排污,防止双滤水器被堵。

运行实践证明,内控式直流喷管是灵敏可靠的。

(三)折向器

折向器位于喷管前部喷嘴头上,其工作原理是,当机组正常运行时,在调速器协联机构控制下,折向器总是位于与机组负荷相适应的射流边,距射流水柱 3~6 mm,既不影响射流,又随时就近切入。在机组快速减负荷或甩负荷时,在协联机构操纵下,快速切入射流到与机组负荷相适应位置,使射流转向,避免机组甩负荷、转速上升,同时为喷针缓慢关闭、防止水击创造条件。它是水斗式水轮机应用得最广的保安装置。折向器动作时间通常为 2~3 s。

常用折向器如图 6-21 所示。偏流挡板从下向上切入射流,称之为切向器,从上向下切入称之为偏流器。其中,图 6-21(a)所示为从下向上切入射流,其优点是可使喷管装在离转轮最近距离处,从而减少射流风损。其缺点是必须让偏流挡板走到最高点,才能全部折掉射流,所需动作时间长。图 6-21(b)所示为折向器头上带钩板,自上而下切入射流,只要切入一部分,钩板起作用,使被折射流与未被折射流相碰,达到射流转向的目的。这是使用得较多的一种。图 6-21(c)所示为折向器自下而上切入射流后,能使一部分射流转向水斗背面起制动作用,其缺点是结构较复杂,调整也麻烦,故使用不广。

二、转轮

水斗式水轮机呈水斗形状,如图 6-22 所示,类似于两个瓢并排地连在一起,连接处称

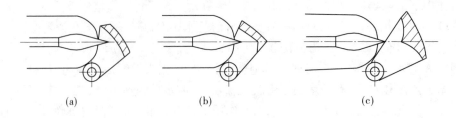

图 6-21　折向器

分水刃,其端部称为分水刃尖。在分水刃尖两侧开有圆形缺口,以利射流,更有效地射到后续水斗上。水斗背面根据强度需要加筋。

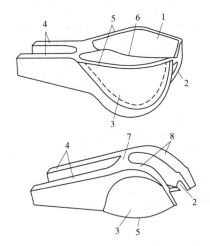

1—内表面;2—缺口;3—背面;4—水斗柄;5—出水边;6—分水刃;7—横筋;8—纵筋

图 6-22　水斗结构

喷嘴射出的圆柱形射流轴心线与转轮分水刃应在同一平面内,此平面与主轴相垂直,以主轴心为圆心、与射流轴心线相切的圆称节圆,节圆直径规定为水斗式转轮的标称直径。

水斗式转轮根据轮辐与水斗的连接方式,可分为整体铸造(整铸)、组合和焊接三种结构形式。

整铸转轮强度高,重量轻,运行安全可靠,安装方便。缺点是转轮形状复杂,制造难度大,水斗节圆、节距、分水刃平面等之间的几何关系难以保证在规定范围之内。水斗数多,排列密,水斗表面加工困难。在制造或运行中,若其中一个水斗发生不能处理的缺陷,整个转轮就要报废。

组合转轮如图 6-23 所示,水斗和轮辐可分开铸造,水斗可单个或数个铸在一起,用螺栓与轮辐连接。由于水斗受射流交变冲击力作用,水斗根部极易产生松动和疲劳破坏,水斗与轮辐连接至关重要,通常采用精制圆柱螺栓连接,根部用斜楔或斜键卡紧,防止根部振松破坏的飞斗事故。该结构的优点是水斗单独铸造,铸造设备容量要求低,铸造质量高(对不好处理的缺陷,单斗报废损失小),机加工有充分的空间位置,转轮主要几何要素易于控制,有利于提高制造精度。缺点是强度和可靠性不如整铸转轮,机加工工作量大,装配要求技术高。

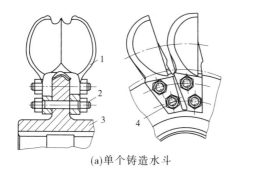

(a)单个铸造水斗   (b)两个一起铸造水斗

1—水斗;2—螺栓;3—轮辐;4—斜楔

图 6-23　组合转轮

焊接转轮的水斗也是单个或几个铸造,再与轮辐焊接,如图 6-24 所示。为增加根部强度,在不影响水斗内射流出流的前提下,在前后水斗根部间加支撑,缩短水斗悬臂长度,加强水斗整体性。焊接转轮保留了组合转轮的优点,强度也可与整铸转轮相媲美。近年来焊接技术发展很快,可保证焊接质量,焊接结构的大中型水斗式转轮得到了广泛应用。

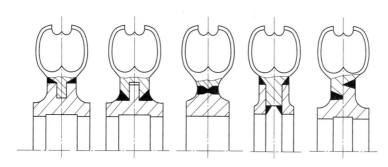

图 6-24　焊接转轮

三、机壳

机壳的作用是引导水斗出口水流排向下游,使出口水流不再流到转轮上。卧式机壳内设导流板,用来引导水流,减小水流飞溅和空气旋转带来的风阻损失。对中小型水斗式水轮机,卧式机壳上装有喷管,立式机壳上装有轴承,也是受力部件,要有足够的强度和刚度,要有一定耐震性。机壳还要有良好的吸音隔音能力。

对于大型水斗式水轮机,机壳的形状对水力效率影响不大,机壳往往和压力水管焊在一起,喷管放置在混凝土支墩上,机壳可用薄钢板制造。机壳示意图如图 6-25 所示。

机壳下面装平水栅,用以消除排水能量,避免冲刷尾水渠,停机时用作检查和检修转轮支架。对于立式水轮机,尾水渠可作为下拆转轮通道之一,平水栅做成活动的,便于拆卸。

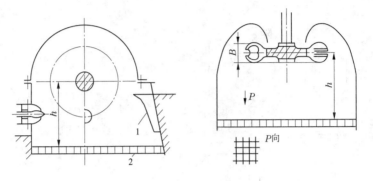

1—引水板;2—平水栅

图 6-25　机壳示意图

四、水斗式水轮机附件

水斗式水轮机附件有制动装置、冷却装置和折向器操纵机构等。

(一)制动装置

制动装置由电磁配压阀、直角阀和制动喷嘴等组成。直角阀内腔的进排压力水管由电磁配压阀切换,直角阀又控制制动喷嘴。

在机组正常运行时,电磁配压阀的电磁铁断电使内腔接压力水。由于直角阀关闭侧的受压面积大于开启侧的受压面积,反向制动喷嘴压力水被切断。需制动时,电磁配压阀电磁铁通电,使内腔切换通排水,直角阀在反向水压力作用下上升,制动喷嘴压力水被接通,射流射向水斗背面,制动转轮。

(二)冷却装置

当水斗式水轮机在调相运行时,转轮与空气摩擦生热,为降温设冷却装置。冷却装置由油压配压阀、直角锥形阀、冷却喷嘴等组成。工作原理与制动装置相似。

第四节　水泵水轮机概述

一、抽水蓄能电站概述

(一)抽水蓄能电站的发展

抽水蓄能电站利用电力负荷低谷时的电能抽水至上水库,在电力负荷高峰期再放水至下水库发电的水电站。它又称为蓄能式水电站,可将电网负荷低时的多余电能转变为电网高峰时期的高价值电能,还适于调频、调相,稳定电力系统的周波和电压,且宜为事故备用,还可提高系统中火电站和核电站的效率。我国抽水蓄能电站的建设起步较晚,但由于后发效应,起点却较高,近年建设的几座大型抽水蓄能电站技术已处于世界先进水平。

国外抽水蓄能电站已有一百多年的历史,我国在 20 世纪 60 年代后期才开始研究抽水蓄能电站的开发,于 1968 年和 1973 年先后建成岗南和密云两座小型混合式抽水蓄能电站,装机容量分别为 11 MW 和 22 MW。与欧美、日本等发达国家和地区相比,我国抽水蓄能电站的建设起步较晚。

20 世纪 80 年代中后期,随着改革开放带来的社会经济快速发展,我国电网规模不断扩大,广东、华北和华东等以火电为主的电网,由于受地区水力资源的限制,可供开发的水电很少,电网缺少经济的调峰手段,电网调峰矛盾日益突出,缺电局面由电量缺乏转变为调峰容量也缺乏,对修建抽水蓄能电站以解决火电为主电网的调峰问题逐步形成共识。随着电网经济运行和电源结构调整的要求,一些以水电为主的电网也开始研究兴建一定规模的抽水蓄能电站。为此,国家有关部门组织开展了较大范围的抽水蓄能电站资源普查和规划选点,制订了抽水蓄能电站发展规划,抽水蓄能电站的建设步伐得以加快。1991年,装机容量 270 MW 的潘家口混合式抽水蓄能电站首先投入运行,从而迎来了抽水蓄能电站建设的第一次高潮。

20 世纪 90 年代,随着改革开放的深入,国民经济快速发展,抽水蓄能电站建设也进入了快速发展期。先后兴建了广蓄一期、北京十三陵、浙江天荒坪等几座大型抽水蓄能电站。"十五"期间,又相继开工了张河湾、西龙池、白莲河等一批大型抽水蓄能电站。

(二)抽水蓄能电站的分类

抽水蓄能电站可按不同情况分为不同的类型。

1. 按电站有无天然径流分类

(1)纯抽水蓄能电站:没有或只有少量的天然来水进入上水库(以补充蒸发、渗漏损失),而作为能量载体的水体基本保持一个定量,只是在一个周期内在上、下水库之间往复利用;厂房内安装的全部是抽水蓄能机组,其主要功能是调峰填谷、承担系统事故备用等任务,而不承担常规发电和综合利用等任务。

(2)混合式抽水蓄能电站:其上水库有天然径流汇入,来水流量已达到能安装常规水轮发电机组来承担系统的负荷。因而,其电站厂房内所安装的机组,一部分是常规水轮发电机组,另一部分是抽水蓄能机组。相应地,这类电站的发电量也由两部分构成,一部分为抽水蓄能发电量,另一部分为天然径流发电量。所以,这类水电站,除有调峰填谷和承担系统事故备用等任务外,还有常规发电和满足综合利用要求等任务。

2. 按水库调节性能分类

(1)日调节抽水蓄能电站:其运行周期呈日循环规律。蓄能机组每天承担一次(晚间)或两次(白天和晚上)尖峰负荷,晚峰过后上水库放空、下水库蓄满;继而利用午夜负荷低谷时系统的多余电能抽水,至次日清晨上水库蓄满、下水库被抽空。纯抽水蓄能电站大多为日设计蓄能电站。

(2)周调节抽水蓄能电站:运行周期呈周循环规律。在一周的 5 个工作日中,蓄能机组如同日调节蓄能电站一样工作,但每天的发电用水量大于蓄水量,在工作日结束时上水库放空。在双休日期间,由于系统负荷降低,利用多余电能进行大量蓄水,至周一早上上水库蓄满。我国第一个周调节抽水蓄能电站为福建仙游抽水蓄能电站。

(3)季调节抽水蓄能电站:每年汛期,利用水电站的季节性电能作为抽水能源,将水电站必须溢弃的多余水量抽到上水库蓄存起来,在枯水期内放水发电,以增补天然径流的不足。这样将原来是汛期的季节性电能转化成了枯水期的保证电能。这类电站绝大多数为混合式抽水蓄能电站。

3. 按站内安装的抽水蓄能机组类型分类

（1）四机分置式：这种类型的水泵和水轮机分别配有电动机和发电机，形成两套机组。已不采用。

（2）三机串联式：其水泵、水轮机和发电机三者通过联轴器连接在同一轴上。三机串联式有横轴和竖轴两种布置方式。

（3）二机可逆式：其机组由可逆水泵水轮机和发电机组成。这种结构为主流结构。

（三）抽水蓄能电站的运行工况

（1）静止。

（2）发电工况。

（3）抽水工况。

（4）发电调相工况。

（5）抽水调相工况。

二、抽水蓄能机组的类型

抽水蓄能机组是抽水蓄能电站的核心设备，最早的抽水蓄能机组采用专门的抽水机组和发电机组，即所谓的四机式机组，水轮机与发电机、水泵与电动机完全分开布置，而管路系统和输配电设备常为共用。四机式机组的水轮机和水泵均可根据自身的条件确定型式、台数和转速，因而可以保证各自的效率最高，但由于造价昂贵，目前几乎不采用。后来发展到将一台水泵和一台水轮机均与同一台电机相连，该电机可作同步发电机运行，又可作同步电动机运行，形成三机式机组或称组合机组。从 20 世纪四五十年代起，开始出现可以双向运转的水力机组。向一个方向旋转时抽水，向另一个方向旋转时发电，该种水力机组被称为可逆式水泵水轮机，它与同步发电机构成二机式机组。由于其设备少、结构简单紧凑、厂房和辅助设备大为减少、造价较低，所以成为目前多数蓄能电站的选用方案。

三机式机组由水泵、水轮机及同步发电机组成，根据布置方式的不同又可分为卧式和立式两种。对于卧式布置，一般水轮机和水泵分别装在发电机的两端。

大型的三机式机组一般为立式布置，其水轮机和水泵可以布置在发电机的同一侧，如图 6-26（a）所示。由于水泵所需的淹没深度比水轮机的大，所以水泵总是在最下面。另一种布置方式如图 6-26（b）所示，将水轮机倒装在发电机的上方，水泵还是在最下面。前者机组的转动轴较长，且穿过水轮机尾水管。后者结构紧凑，使主轴大为缩短，机组不设联轴器，故水泵或水轮机在空转时要注入压缩空气。如图 6-27 所示为法国抽水蓄能电站装置图。

三机式机组的主要优点是抽水蓄能的效率比可逆式的水泵水轮机（二机式）高，这是因为三机式水泵水轮机都是按各自的参数分别设计的，能最大限度地保证在高效区工作。三机式机组另一个突出的优点是，水泵工况下启动非常方便和迅速。因为三机式机组的流道布置能使水泵和水轮机的旋转方向一致，这样可以用水轮机来启动水泵，而无须其他启动设备。但三机式机组投资高，因为三机式方案比二机式方案多一台水力机械，而且水泵和水轮机都需要单独的蜗壳、尾水管和进水阀门。同时为了使机组在水泵和水轮机工作时以同一方向旋转，则水轮机和水泵蜗壳需要彼此相反转向，造成机组平面宽度增大，

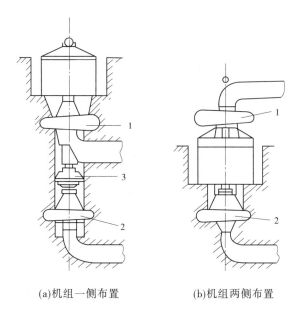

(a)机组一侧布置　　　　　　(b)机组两侧布置

1—水轮机;2—水泵;3—联轴器

图 6-26　三机式机组的布置方式

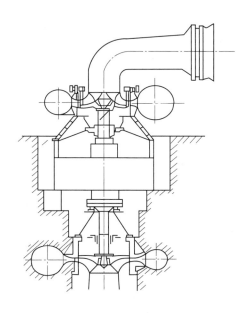

图 6-27　法国瓦里捷克抽水蓄能电站的三机式机组

导致机械设备和土建投资均增加。加之,在水泵运行时需要压缩空气保持水轮机转轮处于排空状态,而在水轮机运行时保持水泵转轮处于排空状态,增加了设备,提高了运行费用,也影响了整个电站的效益。

三、水泵水轮机的分类

可逆式水泵水轮机随应用水头的不同,可分为混流式、斜流式和轴流式。优良的水泵水轮机应是一个性能全面的可逆式机组,在水泵工况和水轮机工况下运行都有较高效率,而且两种工况的流量要能按电站的要求达到一定的比例,目前大型的水泵水轮机的最高效率可达到92%。

混流式水泵水轮机水头应用范围为50～600 m,最高已达701 m。如日本东芝公司为保加利亚柴伊拉蓄能电站生产的机组在水轮机运行时的最大水头为677 m,发电216 MW;作水泵运行时的最大扬程为701 m,抽水量为21.3 m³/s,转速为600 r/min,转轮直径为3.52 m,吸出高度为-62 m。当水头超过700 m时,采用多级可逆式水泵水轮机。

目前世界上容量最大的水泵水轮机为美国巴斯康蒂蓄能电站的机组,1985年建成投产,水轮机运行在水头为329 m时,可发电380 MW,超出力时可达457 MW。水泵扬程为335 m时,流量为116 m³/s,转速为257 r/min,转轮直径为6.35 m。我国潘家口电站安装了三台可逆式混流机组,水轮机水头为35.5～85 m,额定出力为90 MW,转速为125 r/min,转轮直径5.53 m,水泵工况下扬程为35～62 m时转速为125 r/min,扬程在62～85 m时转速为142.8 r/min,机组由意大利进口。

对于中低水头且水头变化幅度较大的场合,由于水位波动在机组工作水头中所占的比重较大,若仍采用混流式水泵水轮机,则将造成水泵工况流量变化幅度很大,不易维持在高效率区运行。为此,可采用叶片可调的斜流式水泵水轮机,由于叶片可调,在工况变动的广泛范围内,具有较高的平均效率。根据目前的研究成果,斜流式水泵水轮机的应用范围为20～200 m。由于斜流式机组叶片可以完全关闭,所以在作水泵启动过程中无须通气压水,阻力矩也不大,这样可大大简化启动操作过程,减少启动时间,提高机组投入运转的速动性。但是,斜流式水泵水轮机转轮结构比较复杂,机组造价较高,空化系数较大,所以需要很大的挖深,导致土建费用增加。我国在岗南和密云电站共装有三台斜流式水泵水轮机,使用水头为28～64 m,额定容量为11 MW,转轮直径为2.5 m。

轴流式水泵水轮机工作水头的适应范围为15～40 m,由于叶片可调,效率曲线平缓,平均运行效率较高,水泵和水轮机工况下转轮的旋转方向既可设计成不同的,也可设计成相同的,并均可获得较好的性能。具有双向运行功能的潮汐电站实际上也是低水头蓄能电站,通常采用贯流式可逆水泵水轮机,这种机组可以双向发电和双向抽水。目前,抽水蓄能机组都趋于向高水头大容量和高速化发展。采用高水头可以使用较高的机组转速,减小水泵水轮机和电机尺寸。对于一定容量而言,可减小引用流量,使上下水池库容减小;水头提高,水位波动的相对值减小,水泵水轮机可以经常在高效区工作,这可使蓄能电站投资减小,效益提高。与常规机组一样,随着单机容量的增大,机组台数减少,机电设备的制造成本可以降低,另外可降低电站造价和运行费用,在一定范围内,单机容量的增长能带来直接的经济效益。高速化就是采用尽量高的比转速。根据目前的制造水平,水泵水轮机的比转速选在110～180 r/s范围内可以得到最高的水力效率,但比转速的提高会引起水泵水轮机的空化性能恶化,而要求在电站中有更大的淹没深度。

第五节　水轮机结构实例

一、贯流式水轮机结构实例

图 6-28 是当前较大的灯泡贯流式机组剖面图，该机型号为 GZ003 - WP - 550，基本参数为：额定出力 $N_r = 1\,046$ kW，设计水头 $H_r = 6.2$ m，设计流量 $Q_r = 199$ m³/s，额定转速 $n_r = 78.9$ r/min，飞逸转速 $n_F = 215$ r/min，保证效率为 92.5%，水头应用范围为 3.0 ~ 10 m，旋转方向向下游看为顺时针。

该机引水室为灯泡式，由钢板焊接而成。引水室中间布置着与水轮机同轴相连的卧轴贯流式水轮发电机。与引水室相连的为座环 18，系钢板焊接结构，共有 8 个固定导叶，其中 2 个为特殊的，可以从中进入检修和通过管路。锥形导水机构如图 6-29 所示。

引水机构为斜向式，呈圆锥形布置，由导叶 3、底环 4、顶盖 17、导叶传动机构 1 和控制环 2 等组成。导叶共 16 个，由 ZG20MnSi 整体铸造而成。导叶上、下轴套均采用聚烯材料制作，用水润滑。传动机构为连杆式，采用球形轴，能进行空间运动，左、右旋连杆分别套在球形轴上，中间用螺母连成一体，再通过剪断销和连杆销将球形轴与导叶臂和控制环连接在一起，从而把控制环的动作传到导叶上去。控制环为钢板焊接结构，支承在顶盖上。顶盖为钢板焊接结构，底环为铸造结构。控制环通过推拉杆与两个普通式直缸接力器相连，接力器直径为 500 mm，立放在基础墩上。

转轮 8 为转桨式，共有 4 个叶片，每个叶片单独用 ZG35 铸成，叶片枢轴单独制作，采用螺栓与叶片连成一体。叶片的转角范围为 0° ~ 35°，当转角达到 17.5° 时，叶片位于中间位置。叶片操作机构 9 为耳柄连杆式，与转轮接力器活塞 11 直接相连。转轮接力器位于转轮体下端空腔内，在转轮体下端壁上固定有转轮体端盖 12，形成接力器油腔，在接力器腔内始终充满油，操作油压为 2.5 MPa。操作油由装在发电机顶端的受油器控制。转轮体为球形轮毂，材质为 ZG20MnSi。叶片密封 10 为 X 形和 V 形两道，密封材料为耐油橡皮。

主轴 5 为双法兰空心轴，分别与转轮体和发电机相连，在主轴中间通有操作油管。水导轴承 6 为动静压式对开自卫球轴承，它由轴瓦、球面支承、密封和球面座等组成，轴瓦材料为巴氏合金。在轴承上设有液压减载装置，当转速较低时，可采用高压油顶起，形成润滑油膜。轴承采用油润滑，为外冷式油循环系统。轴承右端采用 T 形橡胶密封，左端为油毛毡密封。主轴密封 14 为活塞式水压密封，活塞材料为轴承橡胶，活塞缸材料为 ZL101。在主轴密封右部装有空气围带式检修密封。

转轮室 16 为焊接结构，分两段：上段可以从上面吊起，以便检修转轮；下段直接与直锥形尾水管 15 相连，尾水管长度为转轮直径的 5 倍，在尾水管侧面装有进人门。

二、冲击式水轮机

（一）2CJ22 - W - $\dfrac{146}{2 \times 14}$ 冲击式水轮机

2CJ22 - W - $\dfrac{146}{2 \times 14}$ 系双转轮冲击式水轮机结构如图 6-30 所示，转轮型号为 22，卧轴，

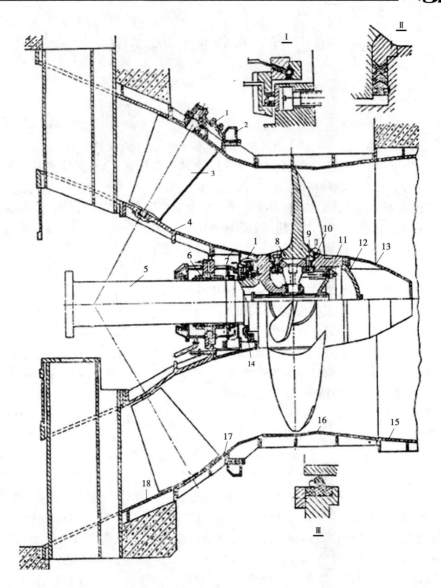

1—导叶传动机构;2—控制环;3—导叶;4—底环;5—主轴;6—水导轴承;7—密封座;8—转轮;
9—叶片操作机构;10—叶片密封;11—转轮接力器活塞;12—端盖;13—泄水锥;
14—主轴密封;15—尾水管;16—转轮室;17—顶盖;18—座环

图 6-28　灯泡贯流式水轮机剖面图

转轮直径为 146 cm,每个转轮配 2 个喷嘴,射流直径为 14 cm。

该机主要参数为:设计水头 $H_r = 345$ m,设计水头出力 $N_r = 13\ 000$ kW,额定转速 $n_r = 500$ r/min,飞逸转速 $n_F = 900$ r/min,设计流量 $Q_r = 4.54$ m³/s,最大效率 $\eta_{max} = 86\%$,水头应用范围为 330~356.5 m。旋转方向从励磁机方向看为逆时针。

该机由两个转轮组成,发电机装在两个转轮中间,每个转轮有 22 个水斗,水斗和轮辐分别铸造,加工好后再焊接在一起。轮辐套在实心主轴一端,通过键和卡环固定在一起,转轮成悬臂梁形式支承在轴承上,左右各一个轴承,将发电机支承在中间。

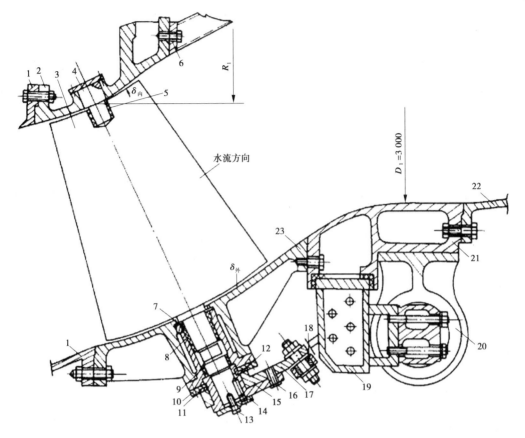

1—座环;2—内导环;3—锥形导叶;4—导叶短轴;5—内轴套;6—密封座;7—中轴套;8—套筒;
9—外轴套;10—压圈;11—橡皮圈;12—压板;13—调整螺钉;14—端盖;15—拐臂;16—剪断销;17—连接板;
18—球铰;19—控制环;20—环形接力器;21—导流环;22—轮机室;23—外导环

图6-29　锥形导水机构

喷嘴共4个,每个转轮配有2个由喷嘴口、喷嘴头、喷针头、喷针杆、导水叶栅等组成的喷嘴。为抗气蚀,喷嘴口和喷针头表面堆焊有不锈钢。当负荷小于50%时,只有2个喷嘴投入工作,另外2个被自动关闭。

折向器共4个,每个喷嘴装1个,为自下向上动作的结构,它与喷针协联动作,采用双重调节机构。

机壳共分4块,由钢板焊接而成,在外壳上装喷嘴、平水栅和制动喷嘴,制动喷嘴可自动或手动操作。

(二)CJ20 - L - $\dfrac{215}{2 \times 19}$水斗式水轮机

该机结构如图6-31所示,转轮型号为20,立轴,转轮直径为215 cm,布置2个喷管,设计射流直径为19 cm。

该机主要参数为:设计水头 H_r = 390 m,设计流量 Q_r = 4.8 m³/s,额定转速 n_r = 375 r/min,设计出力 N_r = 15 530 kW。俯视为顺时针旋转。喷针关闭时间为20~45 s,折向器动作时间为2~4 s,水轮机工作水头范围为389~393.4 m。

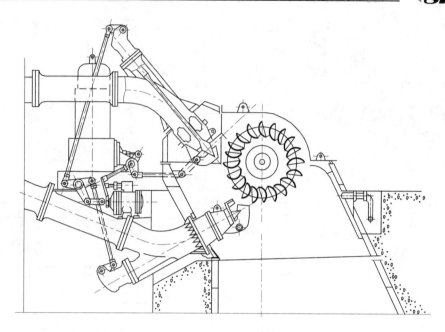

图 6-30　$2CJ22 - W - \dfrac{146}{2 \times 14}$ 冲击式水轮机结构

　　转轮采用铸焊结构,水斗采用 ZG0Cr13Ni4Mo 铸造,然后与轮辐焊接。为提高水斗根部强度,绘制了射流质点运动相对迹线图,20 个水斗可不发生漏损,水斗数由 22 减少为 20,对模型水斗根部适当填充,改善水斗浇铸质量,在前一个水斗背部与后一个分水刃根部增加撑块,以减小冲击力矩。

　　该机采用 2 个内控式直流喷管,此喷管采用水压操作系统传统结构,用协联板、传动机构、针塞等控制喷针前后水压,通过喷针前后水压变化改变喷针开度。该结构动作灵敏,运行可靠。喷针材料为 ZG0Cr13Ni4Mo,喷嘴采用 2Cr13 钢。检修喷针时,不需拆卸喷管,只要拆开喷嘴,喷针即可滑出。

　　主轴采用双法兰厚壁空心轴。水导轴承采用圆筒瓦式。该机在 50% 额定负荷以下,允许单喷嘴运行,此时,主轴会发生偏移,轴承受力点变化,润滑油膜变薄,采取增加导轴承刚度和承载能力强化轴承冷却系统等措施,加以解决。轴承体装在机壳上。

　　机壳全埋入混凝土,转轮上方主轴与支持盖之间设 3 道梳齿,用以衰减噪声,机壳进人门及喷管上部设可拆卸盖板,把噪声封闭在机坑里。机壳上部设 4 根通气管,一方面用以向机坑补气,另一方面将噪声导向厂房外。机壳下面装平水栅,将平水栅拆卸上抬移出,尾水渠可作为转轮下拆通道。

　　制造厂采用模糊多因素综合评判,预期该机最大效率可达 89.4%,高于模型最高效率 86.6%。

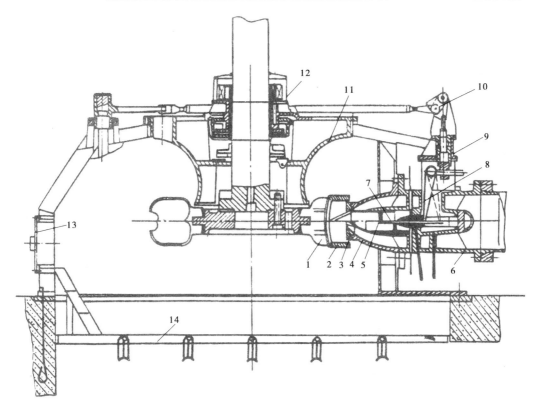

1—转轮;2—折向器;3—喷嘴口;4—喷嘴头;5—喷针;6—喷管体;7—针塞;

8—拐臂;9—滑动套;10—协联板;11—机壳;12—圆筒瓦式导轴承;13—进人门;14—平水栅

图 6-31　CJ20 - L - $\dfrac{215}{2 \times 19}$ 水斗式水轮机

第七章　水轮发电机

第一节　概　述

发电机是一种将机械能转变为电能的能量转换装置。它的种类很多,同步发电机只是其中的一种。同步发电机是一种交流电机,其特点是:在稳定运行时,其转速 n 与定子电流的频率 f 有着严格不变的关系,即

$$n = n_0 = \frac{60f}{p} \tag{7-1}$$

式中　n_0——同步转速;

　　　p——转子磁极对数。

同步发电机根据其原动机的不同可分为水轮发电机、汽轮发电机、风力发电机、柴油(内燃)发电机等,本章主要以水轮发电机为例介绍同步发电机的一般工作原理、组成结构以及相关的一些问题。

水轮发电机是一种凸极式同步发电机,其原动机为水轮机,把原动机的机械能转变成电能,通过输电线路等设备送往用户。为了使水轮发电机能正常稳定运行,发电机结构部分均设有推力轴承和导轴承。根据推力轴承布置位置不同,发电机又分为悬式和伞式(或半伞式)两种。悬吊式发电机的推力轴承布置在发电机转子上方的上部荷重机架上,而伞式发电机的推力轴承则布置在发电机转子下方的下机架或水轮机顶盖上。转速较高的机组多采用悬式,其优点是推力轴承损耗小,装配方便,运行比较稳定,其缺点是机组高度较高,消耗钢材多;而伞式发电机适用于转速在 150 r/min 以下的机组,其优点是机组高度低,可降低厂房高度,节省钢材,缺点是推力轴承损耗大,安装、检修和维护不方便。

第二节　水轮发电机的基本工作原理

在水电站中,水轮机将水能转变成机械能,水轮发电机与水轮机同轴连接传递扭矩,把机械能转变成电能。发出的电能由变压器升压输入电网,供用户使用。水轮发电机和水轮机一起组成水轮发电机组。

水轮发电机是怎样将机械能转变为电能的呢? 这是由水轮发电机本身结构所决定的。图 7-1 为水轮发电机原理示意图,它由转子和定子两个主要部分组成。转子上装有主轴和磁极,通过主轴与水轮机连接,磁极上装有励磁线圈,在定子槽内装有定子(电枢)线圈,在定子和转子间有一个小的空气间隙。当转子磁极上的励磁线圈通有直流电后,便在磁极周围形成磁场。水轮机带动发电机转子旋转时,磁极随之转动,发电机便产生了旋

转磁场。旋转磁场对固定不动的定子线圈
产生相对运动,根据电磁感应原理,定子线
圈内就产生了感应电动势,接上负载便可
以送出交流电,这样就把它所获得的机械
能转变成了电能。现代水轮发电机都把定
子线圈按一定规律连接成三相,每相在空
间互差120°,这就是三相交流发电机。

水轮发电机定子三相绕组一般接成星
形。当其内感应有电势时,则接上负载后
便有对称三相电流通过,它在定、转子间的
气隙内也产生一个旋转磁场,这个旋转磁
场和转子旋转磁场方向一致,转速也一致,
两个旋转磁场转速相同的发电机称为同步
电机。此外,因水轮发电机转速较低,它的

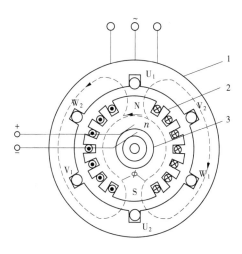

1—定子;2—转子;3—滑环

图7-1 水轮发电机原理示意图

磁极数就比较多,转子磁极都凸出在磁轭外表面,称为凸极式发电机。水轮发电机一般都
为凸极式三相同步发电机。

图7-2为某水电站水轮发电机组剖面图。水轮发电机与水轮机同轴直接相连,水轮

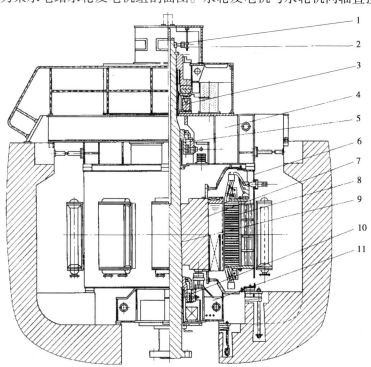

1—集电环;2—电刷装置;3—推力轴承;4—上机架;5—上导轴承;6—定子;7—转子;

8—定子铁芯;9—发电机轴;10—下导轴承;11—下机架

图7-2 立式水轮发电机组剖面图

机启动后就带动发电机转子旋转。当调节励磁装置将励磁电流(直流)送入转子磁极励磁绕组后,形成磁极磁场,磁极随转子旋转,便产生旋转磁场,此旋转磁场切割定子线圈,定子线圈内便产生感应电动势,带上负载后,发电机就送出三相电流。当负载变动时,通过调速器调节水轮机导叶开度,使水轮机转速保持额定值,从而使频率维持在额定值。当电压变化时,通过励磁装置调节励磁电流,使电压维持在额定电压。

第三节　水轮发电机类型和基本参数

水轮发电机的结构形式对机组的技术经济指标、运行稳定性和维护检修以及电站主厂房高度都有着直接影响。所以,在选择发电机结构时是要综合考虑的。

一、水轮发电机类型

(一)按机组容量和转速分类

由于各水电站的自然条件和工作状态不同,水轮发电机的容量和转速相差很大。水轮发电机按机组容量可分为小容量、中容量和大容量三类;各类容量按额定转速可分为低速、中速和高速。根据尺寸大小和结构特征,可大致按表7-1划分其容量和转速的等级。

表7-1　水轮发电机容量和转速划分范围

分类	额定功率(kW)	额定转速(r/min)		
		低速	中速	高速
小容量水轮发电机	<500	<375	375~600	750~1 500
中容量水轮发电机	500~10 000	<375	375~600	750~1 500
大容量水轮发电机	>10 000	<100	100~375	>375

(二)按机组布置方式分类

水轮发电机按机组布置方式不同分为立式(转轴与地面垂直)和卧式(转轴与地面平行)两种。小容量或小型水轮发电机和冲击式、贯流灯泡式水轮发电机一般都设计成卧式。现代大中型水轮发电机,由于尺寸大,如果设计成卧式机组不仅不经济,反而造成结构上的困难重重,所以通常设计成立式。

立式水轮发电机,根据推力轴承布置位置不同,又分为悬式和伞式两种结构形式。

悬式水轮发电机特点是推力轴承位于转子上面的上机架内或上机架上(见图7-3(a)),它把整个转动部分悬挂起来,轴向推力通过定子机座传至基础。悬式结构适用于转速较高(一般在150 r/min以上)机组。它的优点是:推力轴承直径较小;由于转子重心在推力轴承下面,机组运转的稳定性较好,轴承损耗小;因推力轴承在发电机层,因此安装、维护等较方便。悬式水轮发电机的缺点是:推力轴承座承受的机组转动部分的重量及全部水压力都落在上机架及定子机座上,由于定子机座直径较大,上机架和定子机座为了承重而消耗的钢材较多;机组轴向长度增加,机组和厂房高度也需要相应增加。在悬式水轮发电机中,一般选用两个导轴承,其中一个装在上机架内,称为上导轴承;另一个装在下机架内,称为下导轴承。如运行稳定性许可,悬式水轮机也可取消下导轴承。

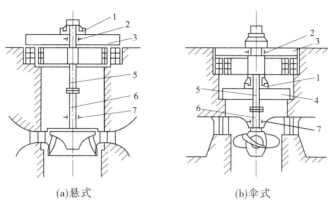

(a)悬式　　　　　　　　　　　　(b)伞式

1—推力轴承;2—上导轴承;3—上机架;4—下机架;5—发电机转轴;
6—水轮机转轴;7—水轮机导轴承

图 7-3　立式水轮发电机的示意图

伞式水轮发电机结构特点是推力轴承位于转子下方,布置在下机架内,如图 7-3(b)所示,或水轮机顶盖上。轴向推力通过发电机机墩或顶盖传至基础。它的优点是结构紧凑,能充分利用水轮机和发电机之间的有效空间,使机组和厂房高度相应降低;由于推力轴承位于承重的下机架上,下机架直径较小,因此下机架为了承重而消耗的钢材就比较少,从而减轻了机组重量,造价降低。伞式水轮发电机的缺点是:由于转子重心在推力轴承上方,使机组的稳定性较差,所以只能用于较低转速(一般在 150 r/min 以下)机组。另外,因机组高度降低使推力轴承的安装、维护、检修变得困难。伞型发电机根据轴承布置不同,又分为普通伞型、半伞型和全伞型三种。普通伞型具有上、下导轴承;半伞型只有上导轴承而没有下导轴承;全伞型只有下导轴承(布置在推力油槽内)而没有上导轴承。

(三)按冷却方式分类

水轮发电机在运行时,线圈、铁芯将产生大量的热,为不使线圈及铁芯温度过高,保证发电机能安全运行,就必须对发电机进行冷却,使产生的热量及时散发。水轮发电机的冷却方式主要分为空气冷却式、内冷却式两种方式。

空气冷却水轮发电机一般又可分为密闭式、开启式和空调冷却式三种类型。目前,大中型水轮发电机多数采用密闭式,小型水轮发电机采用开启式通风冷却。空调冷却式水轮发电机目前很少采用,仅在一些特殊条件下才采用。

内冷却水轮发电机目前只有两种。一种是采用水冷却,即将经过处理的冷却水通入定子和转子绕组的空心导线内部,直接带走发电机产生的损耗进行冷却,定子和转子都进行水冷却的发电机称为双水内冷却水轮发电机。这种冷却方式下,转子设计制造技术比较复杂,所以一般不采用。目前,一些大容量的水轮发电机采用定子绕组水冷却,发电机转子仍采用空气通风冷却,称为单(半)水冷却水轮发电机。另一种为蒸发冷却,即通过液态介质的蒸发,利用汽化热传输热量进行发电机冷却。这种冷却技术是我国自主知识产权的一种新型冷却方式,目前处于领先地位。

1. 空气冷却式水轮发电机

1) 按冷却空气的循环型式分类

(1) 开启式通风系统如图 7-4 所示。开启式通风系统的主要特点:结构简单,安装方便。冷却空气经过电机各散热面时,吸收电机的损耗热后直接排出机外,不再重复循环。因此,电机的温度将直接受到环境温度的影响,其防尘、防潮性能差,影响电机散热,绝缘易受到侵蚀。这种通风系统一般适用于额定功率小于 1 000 kVA 的水轮发电机。

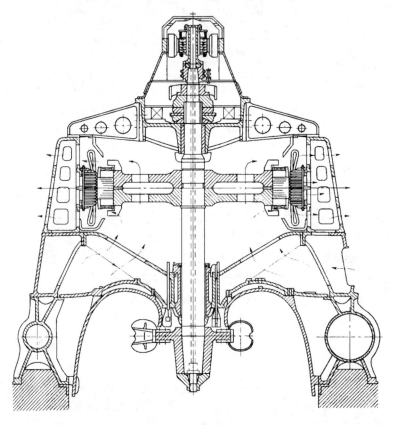

图 7-4　开启式通风系统

(2) 密闭式通风系统如图 7-5 所示。密闭式空气循环冷却式水轮发电机是借助于转子风扇或转子支架的风扇作用,通过挡风板、挡风圈及风洞的导向,使空气在发电机内部循环流通,热空气通过空气冷却器用水冷却。因此,它的特点是利用空气作为冷却介质,延长对定、转子线圈及铁芯的表面进行冷却。这种冷却方式温度稳定,空气清洁干燥,有利于延长线圈绝缘寿命,安装维修方便。这种通风系统被广泛用于大中型水轮发电机。

(3) 空调管道式通风系统如图 7-6 所示。冷却空气从机外吸入,一般来自于温度较低的水轮机层,经过专门空调过滤洗涤室喷雾水洗、降温,去湿后进入发电机内,吸收热量后的热空气靠电机自身的风压作用经管道排出厂房外。该系统冷却效果好,耗水量少,维护方便,运行可靠。

2) 按空气循环方式不同分类

(1) 径向通风方式。径向通风方式示意图见图 7-7。由转子支臂旋转所产生的风压,

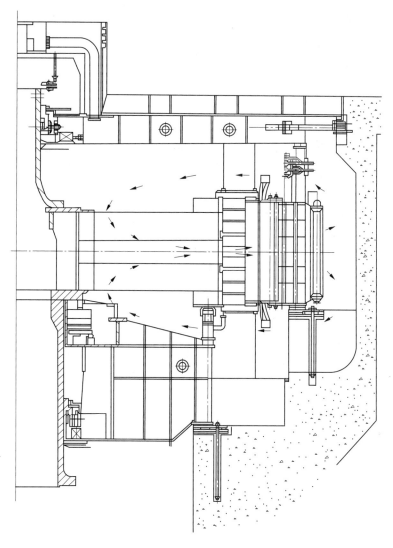

图 7-5　密闭式通风系统

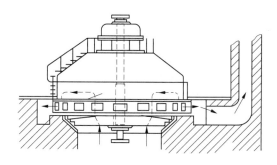

图 7-6　空调管道式通风系统

使冷空气经转子铁芯、定子铁芯的通风沟和冷却器形成上下两个循环回路。其优点是不设风扇,简化了结构,散热均匀。这种通风方式已被大型机组广泛采用。图 7-8 所示为有风扇结构的径向通风方式示意图。

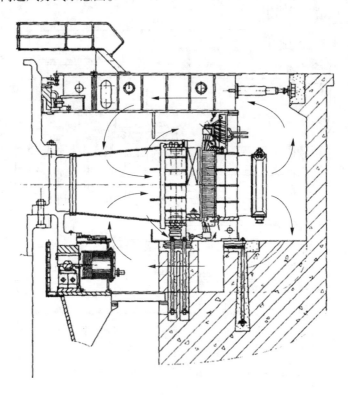

图 7-7　径向通风方式(无风扇结构)

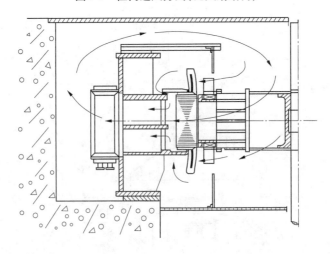

图 7-8　径向通风方式(有风扇结构)

(2)轴向通风方式。轴向通风方式装有轴流式风扇,使空气沿定子、转子间隙自上而下流过,有些轴向还设有通风沟,增加散热通道,如图 7-9 所示。其优点是散热性能较径向通风方式好,空气流通性好,风损较小,机组的长度可缩短;其缺点是沿轴向散热的均匀性差。因需设置轴向通风沟,故发电机外径和磁轭厚度增加。

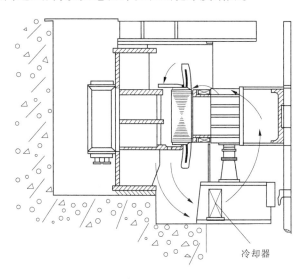

冷却器

图7-9　轴向通风方式

2.水内冷却式水轮发电机

水内冷却式水轮发电机是用经过特殊处理的水作为冷却介质。冷却水直接通入转子线圈和定子线圈的空心导线内部,带走由损耗所产生的热量。冷却方式按冷却的部位不同又可分为:

(1)单水内冷:仅在定子线圈中通水冷却,而转子线圈和铁芯仍用空气冷却。

(2)双水冷却:在定子线圈和转子线圈中通水冷却。

(3)全水内冷:在定子线圈、转子线圈和定子铁芯中通水冷却,甚至还在齿压板及推力瓦中也通水冷却。

采用水内冷却式水轮发电机,可以提高极限容量,它不但可以使定、转子线圈的运行温度比空气冷却的低,而且线圈冷却较均匀,因而可延长线圈绝缘寿命。同时,水内冷却式还可以节省材料,使发电机重量减轻,成本降低。它的缺点是结构及安装、运行、维护复杂,并需装置一套水处理设备,辅助设备占地面积大,此外还有水冷管路元件的锈蚀、渗漏等特殊问题。

(四)水轮发电 – 电动机

水轮发电 – 电动机也称为水泵水轮发电机。它既可正转作为发电机运行发电,又可反转作为电动机运行来抽水。它与水泵 – 水轮机共同组成特殊的水轮发电机组,称为抽水蓄能机组,用于抽水蓄能电站。由于它既是水轮发电机,又是水泵电动机,所以它与一般水轮发电机相比,具有逆转和变速两大特点。在结构上,推力轴瓦采用中心支撑方式,并设有液压减载装置,以减小电机启动力矩。

二、水轮发电机的型号

我国水轮发电机尚没有统一的标准系列,关于型号表示方法一般有两种。

新型号表示法为：

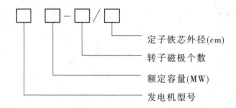

老型号表示法为：

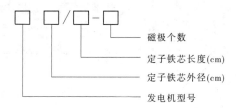

发电机型号部分由汉语拼音字母组成,其表示符号见表 7-2。

表 7-2　水轮发电机代表符号

新型号表示法		老型号表示法	
立式空冷水轮发电机	SF	空冷同步水轮发电机	TS
立式水内冷水轮发电机	SFS	水内冷同步水轮发电机	TSS
卧式水轮发电机	SFW	卧式同步水轮发电机	TSW
水轮发电－电动机	SFD	同步水轮发电－电动机	TSD
贯流式水轮发电机	SFG	同步贯流式水轮发电机	TSG

举例：

（1）SF210 – 40/1035,新型号,表示立式空冷水轮发电机,额定容量 210 MW,转子有 40 个磁极,定子铁芯外径 1 035 cm。

（2）TSS1260/160 – 48,老型号,表示水内冷同步水轮发电机,定子铁芯外径为 1 260 cm,定子铁芯长度为 160 cm,转子有 48 个磁极。

三、水轮发电机的基本参数

（一）功率和功率因素

1. 功率

功率表示一台水轮发电机单位时间内可以做功的能力,也就是通常说的容量。水轮发电机发出三相交流电,它的额定功率(也称视在功率)单位用千伏安(kVA)表示,有功功率用千瓦(kW)表示。

电压与电流是发电机的主要参数,发电机正常运行时的工作电压称为额定电压,在额定电压、额定容量下运行时所发出的电流称为额定电流。单相交流发电机产生的电压（V）和输出的电流（A）的乘积除以 1 000 称为发电机视在功率（额定功率），单位为 kVA。三相交流发电机的视在功率则是

$$S = \frac{UI \times \sqrt{3}}{1\ 000} \tag{7-2}$$

式中　U——额定线电压，V；

　　　I——额定线电流，A；

　　　S——视在功率，kVA。

发电机的电压和电流的相位由负荷的性质决定，电能的变换常因超前或滞后于电压而不相同。在计算功率时把电流分解为两个分量：一个与电压同相，称为有功分量；另一个与电压相垂直，称为无功分量。把有功分量电流与电压的乘积除以 1 000 称为有功功率，以 kW 为单位，把发电机电压与无功电流分量的乘积除以 1 000 称为无功功率，以 kVA 为单位，对三相负载，总的有功功率和无功功率还要乘以 $\sqrt{3}$。

2.功率因数

我们把发电机的有功功率与视在功率的比值称为功率因数，它的大小视电力系统的情况而定，一般为 0.8 ~ 0.9。

发电机的设计是以视在功率为根据的，但它能够输出的有功功率是由水轮机的轴功率输出来决定的。

（二）效率

发电机的效率是发电机输出的有功功率与输入到发电机的水轮机轴功率之比。发电机的主要损耗有定子、转子绕组中的铜损，有效铁芯中产生的铁损，推力轴承和导轴承的机械磨损，发电机转动时的风磨损，以及其他附加损耗等。所有这些损耗都变为热能，使发电机的温度升高。

提高水轮发电机的效率有很大的经济意义。具体措施有：采用高导磁性能、低耗损的硅钢片以减少铁损，改善通风以降低风损，以及减少推力轴承的损耗等。现在大型水轮发电机的效率可达 97% ~ 98%。

（三）额定转速及飞逸转速

1.额定转速

发电机转速的高低对发电机型式、频率、尺寸、重量、造价等都有影响。

大中型水轮发电机与水轮机同轴连接，因此发电机的额定转速等于水轮机的额定转速。由于我国交流电频率 f 规定为 50 Hz，所以额定转速与磁极对数 p 的固定关系即为

$$n = \frac{60f}{p} = \frac{3\ 000}{p} \tag{7-3}$$

由此看出，发电机的磁极对数取决于发电机转速即水轮机转速，转速愈低，磁极数就愈多，这时发电机直径就必须增大，这对发电机来说是不经济的。所以，从发电机经济角度出发，希望能将水轮机额定转速提高。

2.飞逸转速

飞逸转速是指当水轮发电机甩满负荷，而调速系统又失灵时，机组所能达到的最大转

速。飞逸转速愈大,对强度要求也愈高。水轮发电机的强度设计应保证在飞逸转速下运行 2 min 而不损坏,当发电机发生飞逸后,必须停机检查发电机转动部分有无损坏和松动。

飞逸转速一般与水轮机型式和最高水头等有关。混流式或冲击式水轮机飞逸转速为 1.6 ～ 2.2 倍的额定转速,轴流式水轮机飞逸转速为 2.0 ～ 2.6 倍的额定转速。

(四)转动惯量(飞轮力矩)

转动惯量是反映转动部分在转动过程中惯性大小的量,也就是说,代表转动部分保持它原来运动状态的能力。我们通常见到一些机械设备,如冲床,为了保证旋转速度的稳定而装一个飞轮,当驱动转速忽低于或高于额定转速时,由于飞轮转动时的惯性,不会立即忽高忽低,会延缓转速的变化。延缓时间的长短与飞轮的直径和质量(重量)有关,从飞轮的这些数值和转速可以计算出来,这就称为飞轮旋转体的转动惯量。

水轮发电机在运行时,负荷时常会有变动,但是必须保证机组转速的相对稳定,这样,就要求水轮发电机的转动部分有类似飞轮的作用来稳定转速,也就是说转动惯量要大,转动惯量用 GD^2 表示,单位为 $kg \cdot m^2$,其中 G 主要取决于转动部分的质量(重量),D 主要取决于转动部分的直径。由于整个水轮发电机转动部分以磁轭和磁极为最重,它们所处的直径也最大,所以水轮发电机组的转动惯量主要取决于磁轭和磁极,它的飞轮效应约占整个转动部分的90%。对于小型水轮发电机,有时采用加装一个飞轮,人为地加大转动部分的质量(重量),以满足转动惯量的需要。

第四节　定子结构

定子位于发电机转子外面,它与转子之间保持一定的间隙,定子是发电机的主要部件之一。水轮发电机定子由机座、铁芯和线圈组成,如图 7-10 所示。机座固定铁芯,同时也是承重部件,在铁芯的齿槽内嵌有定子线圈。

一、定子结构特点

由于运输条件的限制,根据铁芯外径和结构形式,水轮发电机定子可分为以下几种:

(1)整圆定子。当铁芯外径小于或等于 3 m 时,采用整圆定子。在制造厂内叠片、下线,整体运输。

(2)分瓣定子。当铁芯外径大于 3 m 时,采用分瓣定子。按其直径大小,可分为 2 瓣、3 瓣、4 瓣、6 瓣或 8 瓣,合缝处用合缝板及组合螺栓连接,在制造厂内整圆装压铁芯,分瓣下线,分瓣运输,在工地整圆组合后,下合缝线圈。

(3)工地整圆叠装定子。近年来大容量机组逐步采用工地整圆叠装定子结构形式,将分瓣机座运到工地装焊成整圆后,进行整圆叠片,再根据条件,在安装间或机坑内进行组装下线。

二、定子结构组成

(一)定子机座

定子机座是水轮发电机定子部分的主要结构部件,是用来固定定子铁芯的,也是水轮

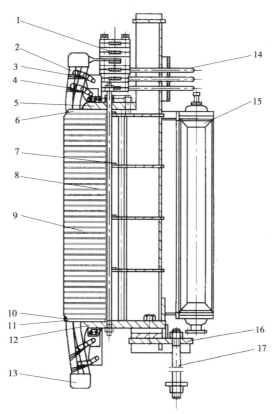

1—铜排引线;2—定子绕组;3—端箍;4—碟形弹簧;5—上齿压板;6—上压指;
7—机座;8—拉紧螺杆;9—定子铁芯;10—槽楔;11—下压指;12—下齿压板;13—绝缘盒;
14—引出线;15—空气冷却器;16—基础板;17—基础螺杆

图 7-10　典型定子结构

发电机的固定部件。

立式电机机座的结构特点是除了用以固定定子铁芯外,其机座顶上还要支承上机架。对悬式水轮发电机还要支承推力轴承。因此,必须在机座结构上增加轴向立筋来加强机座的刚度,以满足结构的需要。一般立式机座由合缝板、立筋和机座壁组成。

立式定子机座(见图 7-11)按机座形状分,有圆形机座(见图 7-12(a))和多边形机座(见图 7-12(b));按机座的大小分,有整圆机座和分瓣机座(见图 7-13);按机座的立筋型式分,有普通立筋结构机座、盒型筋结构机座和斜形筋结构机座(见图 7-14)。

(二)定子铁芯和线圈

1.定子铁芯

定子铁芯是定子的重要部件,是电机磁路的主要组成部分,也是固定线圈的部件,由扇形片、通风槽片、定位筋、上下齿压板、拉紧螺栓及托板等零件组成。定子铁芯是由硅钢片冲成扇形片叠装于定位筋(见图 7-15)上,定位筋通过托板(见图 7-16)焊于机座环板上,并通过上、下齿压板(见图 7-17)用拉紧螺杆将铁芯压紧成整体而成(见图 7-18)。

水轮发电机定子铁芯扇形冲片(见图 7-19)材料通常采用硅钢片,通常铁芯用的硅钢片厚度为 0.35 ~ 0.5 mm。通常每张扇形片上开有两个鸽尾槽,即每张冲片上对应装有两

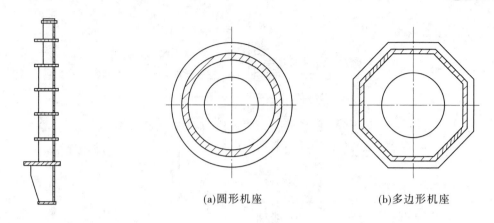

图 7-11 立式定子 机座示意图

(a)圆形机座   (b)多边形机座

图 7-12 圆形机座和多边形机座示意图

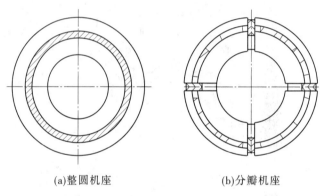

(a)整圆机座   (b)分瓣机座

图 7-13 整圆机座和分瓣机座示意图

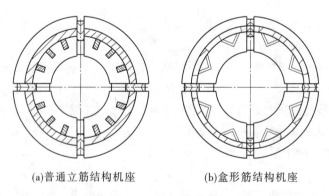

(a)普通立筋结构机座   (b)盒形筋结构机座

图 7-14 不同筋结构机座示意图

根鸽尾筋。

通风槽片由扇形冲片、通风槽钢及衬口环组成(见图 7-20)。

齿压板由压板和齿压片组成,是固定铁芯的主要零件。

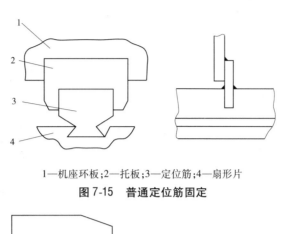

1—机座环板；2—托板；3—定位筋；4—扇形片

图 7-15　普通定位筋固定

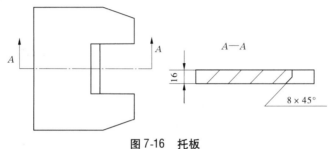

图 7-16　托板

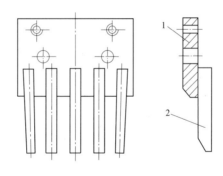

1—压板；2—齿压片

图 7-17　齿压板

2. 定子线圈

绕组是构成发电机的主要部件，属于发电机的导电元件。定子线圈的主要作用是产生电势和送出电流。空气冷却的定子线圈用绝缘的扁铜线绕制而成，然后在它的外面包上绝缘物。现在大型发电机线圈的绝缘采用 B 级胶粉云母绝缘。

定子线圈主要有叠绕线圈和波绕线圈两种形式。叠绕线圈（见图 7-21）多用于中小型水轮发电机，定子铁芯槽内放有上、下两层线圈，下线时将叠绕线圈的两个边分别嵌入相邻两级指定槽内的上、下层，依次叠装并连成一体。波绕线圈（见图 7-22）是按波浪形展开的，大中型水轮发电机多采用单匝波绕线圈，槽内上、下层导线分别制成两根线棒，再按波形连接起来。水内冷发电机定子线圈的扁铜线是空心的，经过水质处理的冷却水通过内孔直接冷却。

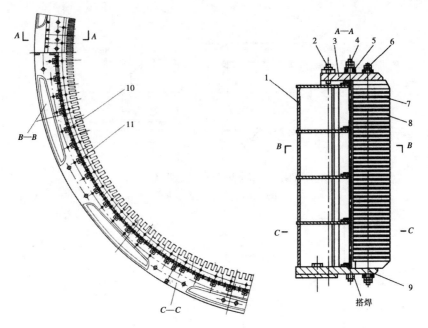

1—定子机座;2—调整螺杆;3—上齿压板;4—拉紧螺杆;5—碟形弹簧;6—穿心螺杆;
7—通风槽片;8—扇形冲片;9—下齿压板;10—定位筋;11—托板

图 7-18　定子铁芯

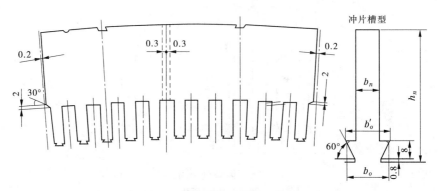

图 7-19　定子铁芯扇形冲片　（单位:cm）

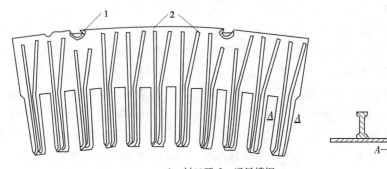

1—衬口环;2—通风槽钢

图 7-20　通风槽片

线圈直线部分嵌入定子铁芯线槽内,用槽楔固定,端部绑定在支持环上,支持环本身固定在铁芯上,如图 7-23 所示。

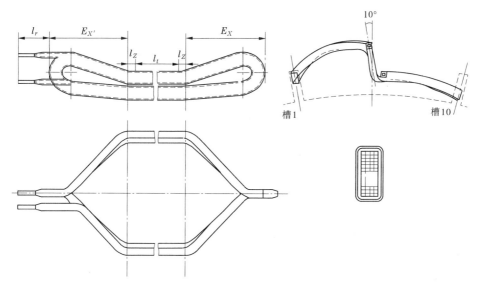

图 7-21　定子叠绕组(叠绕线圈)

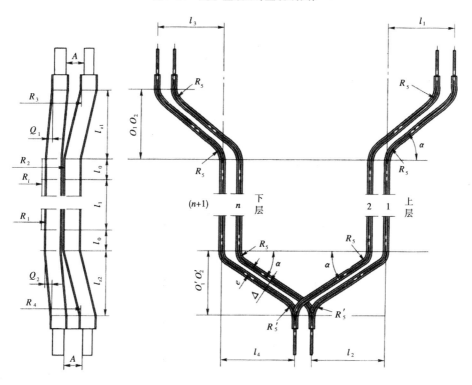

图 7-22　定子波绕组(波绕线圈)

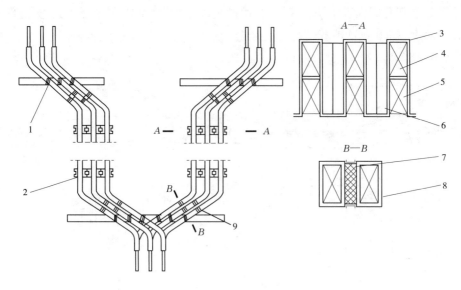

1—绕组与端箍绑扎;2—槽口垫块固定;3—适形材料;4—上层线棒;5—下层线棒;
6—槽口垫块;7—斜边垫块;8—玻璃丝带;9—绕组斜边绑扎

图 7-23　波绕线圈绑扎示意图

第五节　转子结构

一、转子结构特点

转子是水轮发电机的转动部件,也是水轮发电机最为重要的组成部分,位于定子内部,与定子之间保持一定的空气间隙,转子通过主轴与下面的水轮机连接。它的作用是产生磁场并与定子相互作用,将水轮机产生的机械能转变成电能,由定子线圈输出。转子的结构如图 7-24 所示。

水轮发电机转子主要由主轴、转子支架、磁轭(轮环)和磁极等部分组成。磁极是显露的(凸极结构),首尾两磁极与转子引线相连接,转子引线接至集电环,运行时由励磁装置向集电环供给直流电。有风扇的多为离心式或旋桨式的,固定在磁轭上,起散热作用,以利于发电机冷却。目前,大直径转子均利用转子支架和磁极旋转产生风压,取消了风扇叶片。

二、主轴

主轴的作用是传递扭矩,并承受转动部分的轴向力(主要为转动部分重力和水推力产生的轴向力),以及定、转子气隙不均匀引起的单边磁拉力和转子机械不平衡力等。为了确保运行的安全可靠,主轴应有足够的强度和刚度。主轴通常采用 35、40、45 或 20SiMn 等高强度钢整体锻成,也有的大型水轮发电机主轴采用 18MnMoNb 高强度合金钢锻成。大容量水轮发电机主轴采用电渣焊工艺,将铸造或锻造的法兰和锻造的轴身焊成

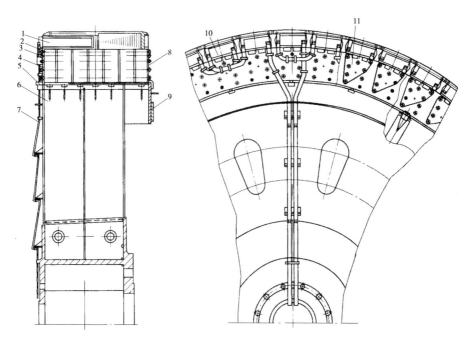

1—磁极;2—磁轭冲片;3—拉紧螺杆;4—磁轭上压板;5—磁轭键;6—转子支架;

7—转子引线;8—磁轭下压板;9—制动环;10—磁极键;11—通风槽片

图 7-24　水轮发电机转子典型结构

整体。近年来轴身也有采用钢板的,中心孔还可作为混流式水轮机补气孔或转桨式水轮机叶片转动操纵机构的管道。

主轴有一根轴结构(见图 7-25)和分段轴结构(也称无轴结构,见图 7-26)两种。

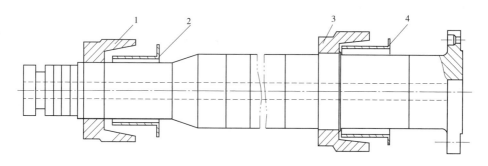

1—上导滑转子;2—上导挡油管;3—下导滑转子;4—下导挡油管

图 7-25　一根轴结构

一根轴结构的优点是结构简单,制造方便,机组轴线易调整,用于中小容量水轮发电机和大容量悬式水轮发电机。在这种结构中,水轮机的力矩是通过轴与轮毂之间的键或轴与轮毂的过盈配合传递的。

分段轴通常由上端轴、转子支架中心体和下端轴组成,结构形式(转子支架中心体与主轴、推力头与主轴连接方式)见图 7-27。

分段轴结构的中间一段是转子支架中心体,没有轴,因而又称无轴结构。分段轴的优

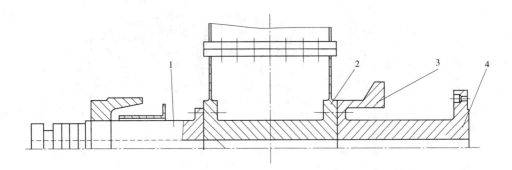

1—上端轴;2—转子支架中心体;3—推力头;4—下端轴
图7-26　分段轴结构

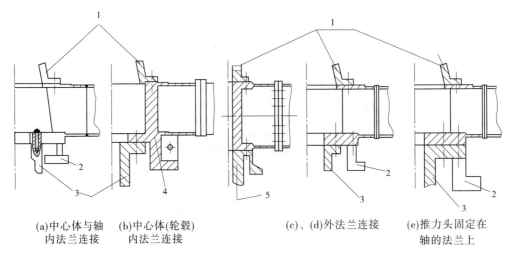

(a)中心体与轴　　(b)中心体(轮毂)　　　　(c)、(d)外法兰连接　　(e)推力头固定在
　内法兰连接　　　内法兰连接　　　　　　　　　　　　　　　　　轴的法兰上

1—上端轴;2—推力头;3—下端轴;4—轮毂带推力头;5—下端轴推力
图7-27　转子支架中心体的连接方式

点是节省材料,缩短机组高度,保证轴的加工同心度,减小轴线摆度,从而提高安装和运行效果。此外,它还便于锻造、运输,以及不需要热套轮毂等。在分段轴结构中,扭矩通常都是通过下端轴与支架中心体连接处的键(或销钉)来传递的。现在中低速大容量伞型水轮发电机中广泛采用分段轴结构。

三、转子支架

转子支架是把磁轭和转轴连接成一体的中间部件。正常运行时,转子支架要承受扭矩、磁极和磁轭的重力矩、自身的离心力,以及热打键径向配合力的作用。对于支架与轴热套结构,还要承受热套引起的配合力作用。常用的转子支架有以下四种结构形式。

(一)与磁轭圈合为一体的转子支架

这种转子支架由轮毂、辐板和磁轭圈三部分组成(见图7-28),整体铸造或由铸钢磁轭圈、轮毂与钢板组焊成。转子支架与轴之间靠键传递转矩。这种结构用于中小容量水轮发电机。

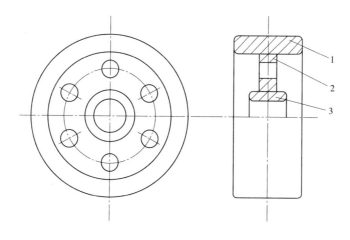

1—磁轭圈;2—辐板;3—轮毂

图 7-28 与磁轭圈合为一体的转子支架

(二)圆盘式转子支架

圆盘式转子支架由铸造轮毂与上下圆盘、辐板和立筋等焊接而成,见图 7-29、图 7-30。对于采用径向通风系统的发电机,要在圆盘上开孔,以满足循环冷却风量的需要。这种转子支架具有刚度大、传递扭矩大以及通风损耗小等优点,用于中低速大中容量水轮发电机。当圆盘支架尺寸受运输条件限制时,需分瓣运到工地组焊或用螺栓连接成整体。

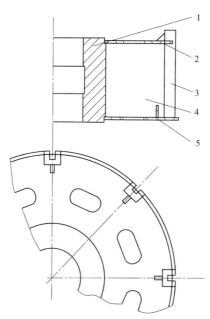

1—轮毂;2—上圆盘;3—立筋;4—辐板;5—下圆盘

图 7-29 简单圆盘式转子支架

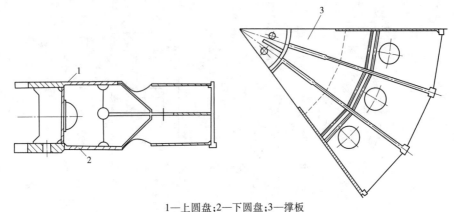

1—上圆盘;2—下圆盘;3—撑板

图7-30　圆盘式转子支架

(三)整体铸造转子支架

转子支架采用铸钢整体铸造(见图7-31),结构紧凑、简单,用于高速大容量水轮发电机。目前这种结构已逐渐被焊接结构取代。

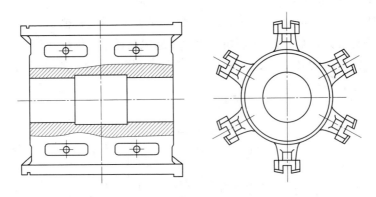

图7-31　整体铸造转子支架

(四)组合式转子支架

大型水轮发电机由于受到运输条件的限制,一般采用由中心体和支臂装配组合而成的组合式转子支架。

转子支架中心体采用铸造轮毂和钢板焊接或全用钢板焊接结构。它由轮毂、上圆盘、下圆盘、撑板、筋板及合缝板等组成。典型的转子支架中心体结构如图7-32所示。

支臂有工字形和盒形两种结构,如图7-33所示。

(1)工字形支臂。支臂截面为工字形,如图7-34所示,其中图7-34(a)、(b)用于悬式发电机;图7-34(c)、(d)用于伞式或半伞式发电机。

(2)盒形支臂。支臂为轻型的盒形结构。主要特点是重量轻,根据设计要求可在较大范围内调整支臂柔度,以减少热打键的配合紧量。结构上每个支臂能布置两根立筋。盒形支臂根据其外形有直筒式、斜筒式和分叉式三种类型。

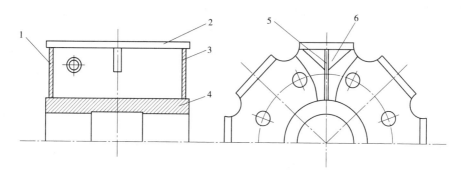

1—上圆盘;2—立筋;3—下圆盘;4—轮毂;5—辐板;6—筋板

图 7-32　典型的转子支架中心体结构

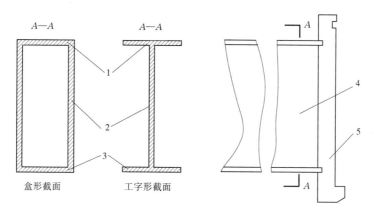

盒形截面　　　　工字形截面

1—上翼板;2—腹板;3—下翼板;4—支臂;5—立筋

图 7-33　工字形和盒形支臂

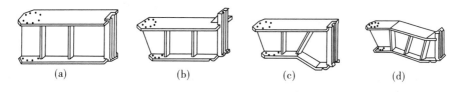

(a)　　　　(b)　　　　(c)　　　　(d)

(a)(b)用于悬式发电机;(c)(d)用于伞式或半伞式发电机

图 7-34　工字形支臂结构

四、磁轭

磁轭也称轮环。它的作用是产生转动惯量和固定磁极,同时也是磁路的一部分。磁轭分为整体磁轭和叠片磁轭两种。

叠片磁轭主要由扇形磁轭冲片、通风槽片、拉紧螺杆、定位销、磁轭上下压板、锁定板、卡键,以及磁轭键等零部件组成。叠片磁轭采用交错的叠片方式,一层一层进行叠装,层与层之间相错一定的极距值。为了减小磁轭的倾斜度和波浪度,在磁轭的上、下两端装有压板,用拉紧螺杆将磁轭固紧。磁轭通过磁轭键、卡键和锁定板揳紧在转子支架上。

（1）扇形磁轭冲片。大中型水轮发电机采用的扇形磁轭冲片厚度有两种：一种为薄板扇形冲片，厚度在 2～4.5 mm；另一种为厚板扇形磁轭冲片，其厚度为 6 mm 及以上。

（2）通风槽片。采用径向通风的水轮发电机，为增加极间的通风效果和使轴向的风量分布均匀，常在磁轭铁芯段沿周向均布通风槽片，以形成径向通风沟。通风槽片主要由扇形磁轭冲片、导风带和衬口环组成，如图 7-35 所示。

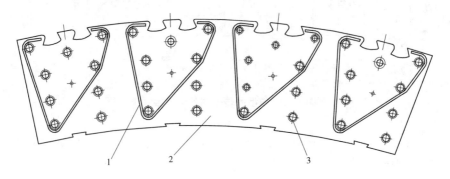

1—导风带；2—扇形磁轭冲片；3—衬口环

图 7-35　通风槽片

（3）拉紧螺杆和定位销。扇形磁轭冲片的紧固主要通过拉紧螺杆来实现。

（4）磁轭压板。为了均匀分配拉紧螺杆的负载和便于螺杆的把合，磁轭两端采用厚的压板。

（5）分段磁轭。近年来，大型水轮发电机转子磁轭长度已超过 3 m，为此，长磁轭的压紧将是设计制造的关键。目前，长磁轭的大型水轮发电机都采用分段磁轭结构。将磁轭分成几段（约 1.5 m 为一段），分段磁轭之间采用间隔块分开，安装时可按先后顺序进行分段叠装，分段把合，上、下两段之间用键连接。

（6）制动环。立式水轮发电机通常采用制动器进行制动，且在磁轭下部装有制动环。老式水轮发电机的制动环与磁轭连成一体，不能拆卸，如图 7-36 所示。

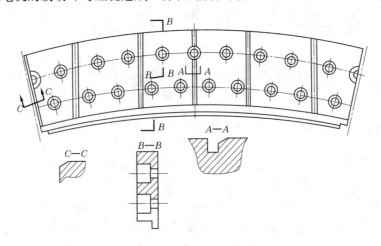

图 7-36　制动环

五、磁极

磁极是水轮发电机产生磁场的主要部件,属于转动零件,因此它不但要具备一般转动部件应有的机械性能,还必须有良好的电磁性能。磁极主要由磁极铁芯、磁极线圈、阻尼绕组等零部件组成,如图 7-37 所示。

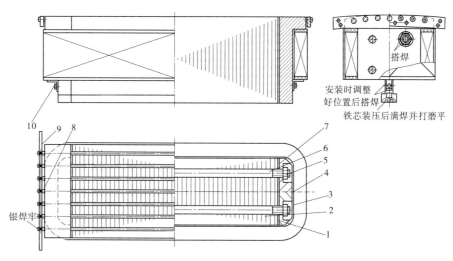

1—压板;2—磁极铁芯;3—磁极线圈;4、7—极身绝缘;5—螺母;
6—拉紧螺杆;8—阻尼条;9—阻尼环;10—支撑角钢

图 7-37　磁极结构

(一)磁极固定

通常水轮发电机的磁极可根据其容量的大小、转速的高低做成不同的形式,如实心磁极、叠片极靴的实心磁极,以及整片式叠片磁极等。同样,磁极的极身也可与磁轭做成整体或部分极身与磁轭做成一体。由于这些因素,构成了磁极不同的固定方式。

大中型水轮发电机的磁极一般采用 T 尾或鸽尾的固定方式,如图 7-38 所示。T 尾加工工艺简单,通常在磁极冲片上冲制出一个或多个 T 尾(目前一张磁极冲片上最多有 5 个 T 尾),磁极叠装后固定在叠片或整体的磁轭 T 尾槽内。鸽尾固定与 T 尾固定几乎相同,其区别是鸽尾的加工(如模具的加工或磁轭上鸽尾槽的加工)工艺复杂,制造成本相对高。

(二)磁极铁芯

磁极铁芯主要由磁极冲片、压板、螺杆(拉杆)或铆钉等零件组成。磁极有实心磁极和叠片式磁极两种结构。

大多数水轮发电机磁极铁芯都采用拉紧螺杆紧固磁极铁芯。要求铁芯的叠压系数不小于 0.98。磁极铁芯在紧固时要求螺杆和螺母不得凸出压板表面,螺母必须搭焊于螺杆上。

磁极冲片是组成磁极铁芯的主要部分,也是组成电机磁场回路不可缺少的零件。磁极冲片常用 1.5~2 mm 厚的薄钢板冲制而成。

磁极压板布置在磁极铁芯的两端。铁芯装压时,用拉紧螺杆(或拉杆)借助于压板将

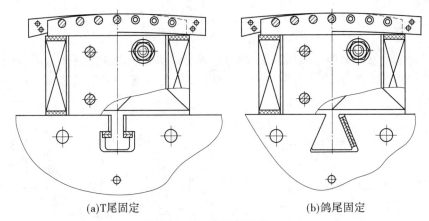

(a)T尾固定　　　　　　　　　　　　(b)鸽尾固定

图 7-38　T 尾和鸽尾固定方式

铁芯压紧。磁极压板除承受自身的离心力外,还要承受磁极线圈端部的离心力。

　　磁极压板按磁极线圈形式可分平头和圆头两种,如图 7-39 所示。平头磁极压板用于极身较宽的磁极,圆头磁极压板则用于极身较窄的磁极。

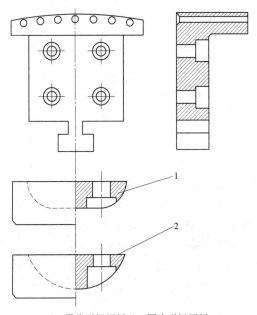

1—平头磁极压板;2—圆头磁极压板

图 7-39　磁极压板形状

(三)磁极线圈

　　小容量水轮发电机的磁极线圈,是由多层漆包或玻璃丝包圆线、漆包或玻璃丝包扁线绕成的。而大多数水轮发电机由于其圆周速度高,一般都采用扁绕铜排的形式,在转动的绕线模上绕制而成,经绝缘后套入磁极铁芯。

　　1.磁极线圈支撑

　　1)撑块结构

　　图 7-40 为采用螺杆固定的两种撑块结构,一般将撑块加工成 V 字形,利用拧紧固定

螺杆所产生的搂紧作用,将相邻两线圈撑紧,防止线圈铜排弯曲变形。固定螺杆可直接把合在磁轭上(见图7-40(a)),也可固定在磁轭冲片上冲出的矩形槽内的固定块上。

图7-40(b)所示撑块结构,是采用双头螺杆拧紧时,将撑块固定并搂紧两边的磁极线圈。

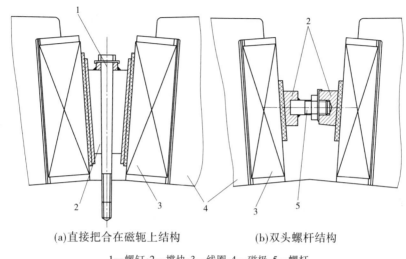

(a)直接把合在磁轭上结构　　　　　　(b)双头螺杆结构

1—螺钉;2—撑块;3—线圈;4—磁极;5—螺杆

图7-40　撑块结构

2)围带(板)结构

发电机的磁极线圈支撑结构采用围带或围板结构,如图7-41、图7-42所示,则不需要吊出发电机转子就可拆除(吊出)磁极,从而检查磁极线圈或定子绕组。

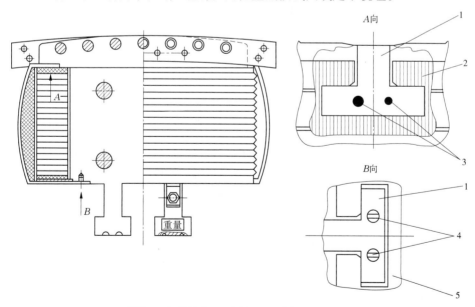

1—围带;2—极靴铁芯;3—塞焊;4—沉头螺钉;5—磁极铁芯

图7-41　围带结构

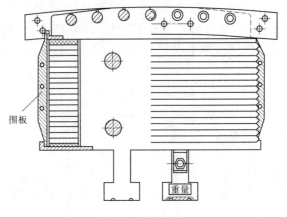

图 7-42　围板结构

2. 极间连接

极间连接是指各磁极线圈之间的连接。

1) 并头套连接

中小型低速水轮发电机,一般电流不大,靠磁轭侧的极间软连接线的连接后套上并头套,然后锡焊,如图 7-43(a) 所示。对于大中型低速水轮发电机,在磁极线圈上已铆好软连接片,然后将连接片交错搭接,再套入并头套,最后锡焊,并与绝缘支撑板绑扎牢,如图 7-43(b) 所示。其离心力由绝缘支撑板承受。绝缘支撑板固定在磁极铁芯冲片上或压板的极靴部位。

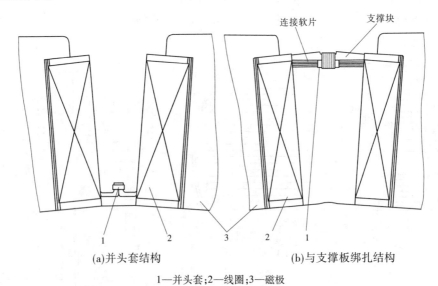

(a)并头套结构　　　　　　　　　　　　　(b)与支撑板绑扎结构

1—并头套;2—线圈;3—磁极

图 7-43　并头套连接

2) 线夹板式连接

大中型水轮发电机,为了将极间连接线固定可靠,采用软连接片交错搭接,锡焊牢,再用绝缘线夹板夹紧,绝缘线夹板借助于拉紧螺杆(绝缘)固定在磁轭上的槽内,如图 7-44

所示。

3)Ω形连接

大中型中低速水轮发电机,极间连接可采用铜板弯成 Ω 形连接片连接(见图7-45)。Ω 形连接拆装比较方便。目前,在一些大型水轮发电机上采用 Ω 形连接。

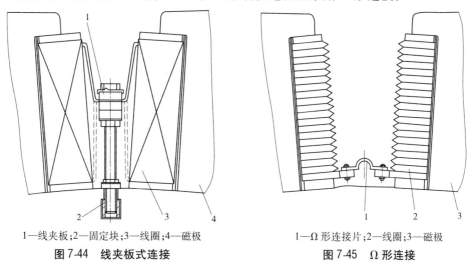

1—线夹板;2—固定块;3—线圈;4—磁极
图7-44　线夹板式连接

1—Ω 形连接片;2—线圈;3—磁极
图7-45　Ω 形连接

3.磁极线圈与集电环连接

磁极线圈与集电环连接,从线圈的两个引出线径向向下引到转子体上,最后引至轴上。立轴、悬式水轮发电机,中间插入推力轴承,影响引线在轴的表面上通过,必须在轴上开槽或钻孔,使引线穿过槽或轴孔引至集电环。铜排引线采用线夹固定在转子磁轭和转子支架上,要求有防止引线在运行中径向位移的结构措施,如图7-46 所示。

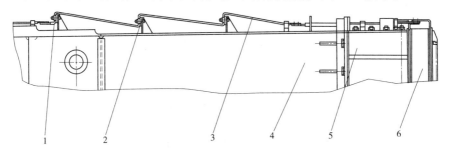

1—线夹;2—固定块;3—转子引线;4—转子支架;5—磁轭;6—磁极
图7-46　转子引线固定结构

(四)阻尼绕组结构

水轮发电机转子阻尼绕组主要由阻尼条、阻尼环和连接片等组成,如图7-47 所示。转子组装时,将各级之间的阻尼环用青铜片制成的软接头搭接成整体,形成纵横阻尼绕组。它的主要作用是当水轮机发生振荡时起阻尼作用,使发电机运行稳定,在不对称运行时能满足提高担负不对称负载的能力。

(1)阻尼条。阻尼条采用标准直径规格的软铜棒制成。

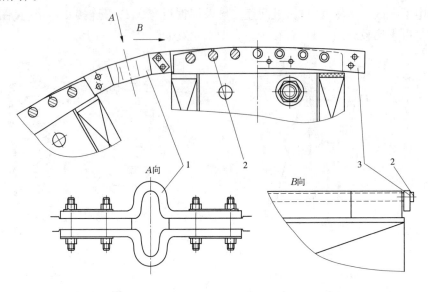

（2）阻尼环。阻尼环一般采用扁紫铜带弯制加工而成（每极一段，弯曲半径一般与转子外圆相同）。

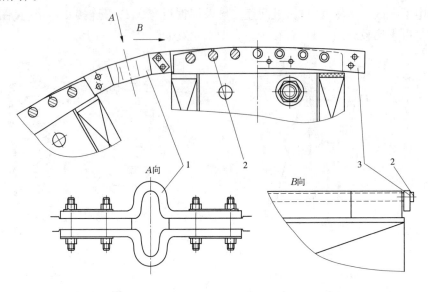

1—连接片；2—阻尼条；3—阻尼环

图 7-47　阻尼绕组结构

（五）磁极键

用 T 尾或鸽尾固定的磁极结构，装配时需要用磁极键打紧固定。磁极键一般采用 35 锻钢。磁极键设计成 1∶200 斜度，一般成对加工。打键时加 2 mm 垫片，短键长度为磁轭的长度，长键比短键长 300～350 mm。

第六节　水轮发电机机架

机架是安置推力轴承、导轴承及转桨式水轮机受油器的支撑部件，中小型机组的机架上还装有制动器。装在定子上方的机架称为上机架，装在定子下方的称为下机架。机架的结构形式按照以下几种方式分类：一是按承载性质分为负荷机架和非负荷机架；二是按机架支臂结构形式分为辐射式机架、井字形机架、桥形机架、斜支臂机架和多边形机架等。

一、负荷机架与非负荷机架

（一）负荷机架

装置推力轴承的机架称为负荷机架，它承受机组转动部分的全部重力、水轮机轴向水推力及机架自重等负荷。负荷机架具有足够的强度和刚度。根据结构布置要求，有的机组导轴承也装设在负荷机架内，这时它除承受上述轴向力外，还承受径向力。悬式水轮发电机的上机架如图 7-48 所示，伞式或半伞式水轮发电机下机架如图 7-49 所示，都属于负荷机架。

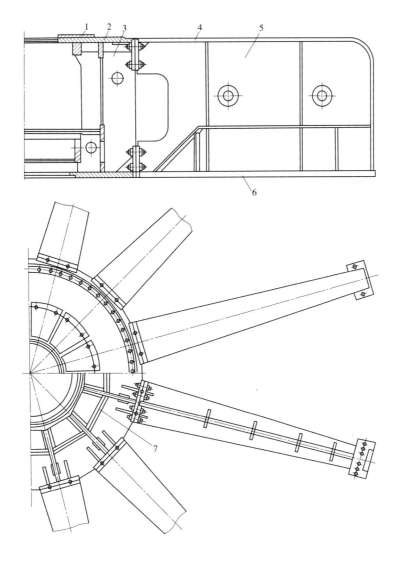

1—加强圈;2—上圆板;3—立筋;4—上翼板;5—腹板;6—下翼板;7—横梁

图 7-48　悬式发电机上机架

(二)非负荷机架

非负荷机架一般只放置导轴承,主要承受导轴承径向力及部分机件的荷重,结构比较简单。悬式水轮发电机下机架(见图 7-50)和半伞式水轮发电机上机架均属于非负荷机架。

二、机架的结构形式

(一)辐射式机架

辐射式结构受力均匀,适用于负荷机架、非负荷下机架和低速大容量的伞式水轮发电机的非负荷上机架。直径小于 4 m 时采用中心体和支臂整体焊接结构;直径大于 4 m 时,

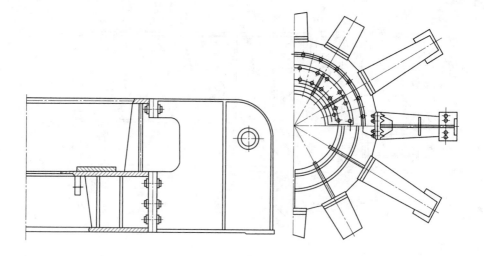

图 7-49　伞式或半伞式发电机下机架

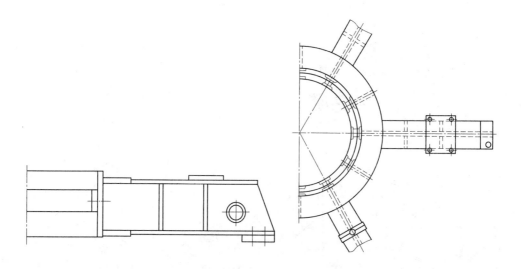

图 7-50　悬式水轮发电机下机架

受运输条件的限制,采用可拆卸式结构,即中心体和支臂分开结构,如图 7-48、图 7-49 内中心体和支臂采用螺栓连接组合。

（二）井字形机架

这种机架由于其支臂布置呈井字形,故称为井字形机架,如图 7-51 所示,适用于大中容量水轮发电机的非负荷机架。

（三）桥形机架

桥形机架适用于中小容量水轮发电机的负荷和非负荷机架,如图 7-52 所示。

（四）斜支臂机架

该机架的每个支臂沿圆周方向偏转一个支撑角,故称之为斜支臂机架,如图 7-53 所

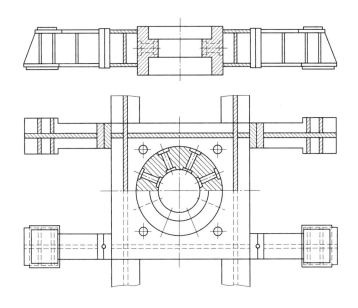

图 7-51　井字形机架

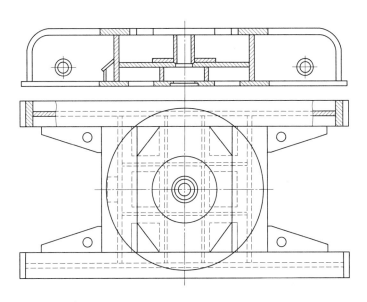

图 7-52　桥形机架

示。在机组运行时,支臂具有一定的弹性,并通过斜向柔性板与定子机座连接,使定子铁芯的热膨胀不受上机架的影响,减小铁芯弯曲应力,反之,上机架中心体也不受定子和机架支臂热变形的影响。这类机架适用于大容量水轮发电机组的上、下机架。

(五)多边形机架

多边形机架就是两个相邻支臂间用工字钢连接成一体,构成一个多边形机架,如图 7-54所示。每对支臂的连接处焊有人字形支撑架,采用切向键与基础板连接。键与支撑架之间留有一定间隙,以适应热胀冷缩的需要。这种结构的最大特点是可以把导轴承

图 7-53　斜支臂机架

的径向力经支撑架转变为切向力,减少径向力对基础壁的作用。该机架适用于大容量水轮发电机的上机架。

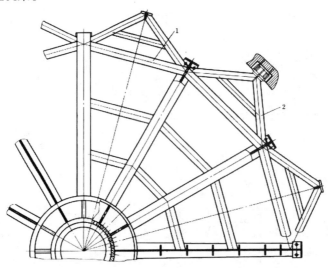

1—工字形支撑架;2—人字形支撑架

图 7-54　多边形机架

三、机架的适应变形结构

为了减少无导轴承发电机的径向振动,常在上机架支臂外端装设承受径向力的千斤顶(见图 7-55、图 7-56),千斤顶的另一端固定在发电机基坑壁上。为了使基坑壁在发电机半数磁极短路时不受损坏,在千斤顶上装设了剪断销。

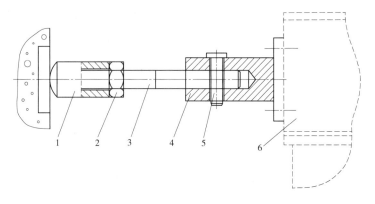

1—柱头;2—螺母;3—螺杆;4—顶座;5—剪断销;6—上机架

图 7-55 刚性千斤顶

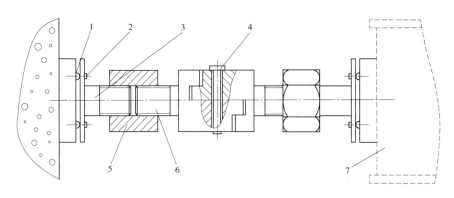

1—碟形弹簧;2—螺栓;3—座杆;4—剪断销;5—螺母;6—剪杆;7—上机架

图 7-56 弹性千斤顶

第七节 推力轴承结构

推力轴承是水轮发电机中的一个关键部件。它的作用是用来承受整个水轮发电机组转动部分的重力和轴向的水推力,使整个机组保持平稳与安全的运行。随着机组单机容量的不断增大,推力负荷也不断增加,现在大型水轮发电机推力轴承的负荷已达 4 000 t 以上。

一、推力轴承承载原理

推力轴承是应用液体润滑承载原理的机械结构部件,它的结构示意图如图 7-57 所示。图中 2 是通过卡环 1 固定在发电机转轴上的推力头。发电机转动部分的负荷通过卡环 1 传递给推力轴承。推力头 2 下面装有镜板 3(由定位销与推力头 2 相对定位),通过油膜和下面的推力轴瓦 4 相接触。轴瓦 4 是由球面支柱螺钉 6 支撑,可自由倾斜。整个装置装在润滑油槽 9 内,由油冷却器 7 把油中的热量带走。当镜板与轴瓦相对旋转时,就将润滑油带进镜板与推力轴瓦的接触面间,形成一层油膜,使镜板与瓦面之间形成液体摩擦。这层油膜的断面如图 7-58 所示,进油侧油膜较厚,出油侧油膜较薄,断面像个楔形。由于这层油膜的斜面作用,静止与转动部分两平面之间存在着油膜压力,把加在推力轴承上的载荷举起,使整个转动部分在高压油膜上浮悬转动。

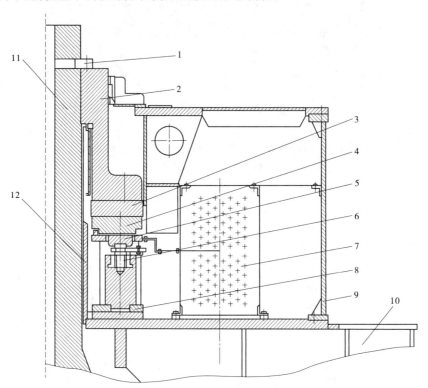

1—卡环;2—推力头;3—镜板;4—推力轴瓦;5—托盘;6—支柱螺钉;
7—油冷却器;8—轴承座;9—油槽;10—机架;11—轴;12—挡油管

图 7-57　推力轴承结构示意图

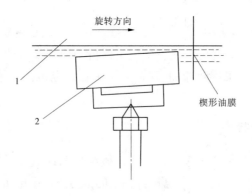

1—镜板;2—推力轴瓦

图 7-58　推力轴承的楔形油膜

二、推力轴承形式

推力轴承按支柱形式不同主要分为刚性支柱式、液压支柱式、平衡块支柱式三种。此外,还有弹性垫、弹簧、活塞、弹性圆盘支柱式等。

(一)刚性支柱式(抗重螺栓支承)

如图 7-59 所示,刚性支柱式推力轴承一般由推力头、镜板、轴瓦、支柱螺栓、轴承座、油槽及冷却器组成。其特点是推力瓦由头部为球面的支柱螺栓支承,通过调整该螺栓的高度而使轴瓦保持在同一水平面上,以使各瓦块受力均匀。刚性支柱式优点是结构简单,加工容易。缺点是安装时调水平、受力不易调准,调整工作量较大,运行时各瓦块的负荷不均衡(这种现象是由加工和安装误差以及负荷变化引起的),一般应用在中小容量机组。

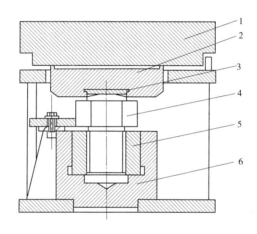

1—推力轴瓦;2—托盘;3—垫片;4—支柱螺钉;5—套筒;6—轴承座

图 7-59　刚性支承结构

(二)液压支柱式(弹性油箱支承)

液压支柱式推力轴承结构如图 7-60 所示。它的特点是推力瓦由弹性油箱支承,各油箱由油道相连并充入一定的压力油。安装时,各瓦面的高度和水平调整精度要求不高,各瓦之间的不均匀负荷通过油压平衡。运行时各瓦的不均匀负荷由弹性油箱平衡,使各瓦受力均匀。因此,液压支柱式推力轴承具有能自动调整轴瓦负荷、承载能力大、调整简单、维护方便、瓦温温差小(一般为 1 ~ 3 ℃,刚性支柱高达 20 ~ 30 ℃)、寿命长等优点。这种形式的推力轴承在大型机组中已得到愈来愈多的应用。

(三)平衡块支柱式

平衡块支柱式推力轴承结构如图 7-61 所示。它是利用上下两排平衡块相互搭接(上、下平衡块接触面和下平衡块与油盘上垫板接触面,均为圆柱面与平面接触),当受力时,由于杠杆原理,平衡块相互动作,连续自动调整每块瓦的受力,使各瓦负荷达到均匀。它的优点是结构简单、加工方便、安装调整容易;缺点是在运行时压应力很高的铰支点(线)由于限位销钉精度的影响会出现滑动摩擦现象,从而使均衡负荷的能力不稳定。在试验中发现,平衡块的灵敏性随着转速的增加而有所降低,平衡块结构推力轴承在我国经

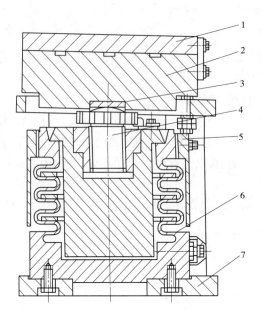

1—推力轴瓦;2—托瓦;3—垫片;4—支柱螺钉;5—保护套;6—弹性油箱;7—底盘

图 7-60　液压支柱式推力轴承结构

过运行考验,证明这种结构能适应中、低速推力轴承的各种工况,运行性能是良好的,目前国内运行的最大推力轴承——长江葛洲坝 17 万 kW 水轮发电机推力轴承就是这种结构形式。

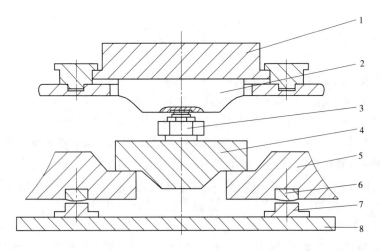

1—推力轴瓦;2—托盘;3—支柱螺钉;4—上平衡块;5—下平衡块;6—接触块;7—垫块;8—底盘

图 7-61　平衡块支柱式推力轴承结构

(四)弹簧束支承式

弹簧束支承式推力轴承是一种多支点支承结构。推力轴瓦放置在一簇具有一定刚度、高度相等的支承弹簧上。弹簧束的弹性元件采用圆柱螺旋弹簧。目前,弹簧束支承的推力轴承在大型水轮发电机上得到普遍应用,而且运行效果良好。

弹簧束支承式推力轴承结构如图 7-62 所示。弹簧束支承式推力轴承具有较大的承载能力、较低的轴瓦温度、运行稳定等优点,适用于低速重载轴承,也适用于高速轴承,可用于水轮发电机,也可用于发电机。

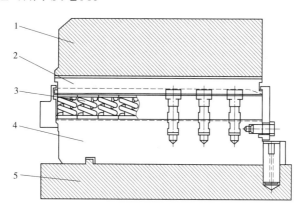

1—镜板;2—推力轴瓦;3—弹簧束;4—底座;5—机架
图 7-62　弹簧束支承式推力轴承结构

弹簧束支承式推力轴承结构具有以下特点:一是其油膜压力产生的机械变形与瓦温差引起的热变形方向相反,使其变形相互抵消,从而得到最佳瓦面形状,提高轴承润滑性能和承载能力;二是推力轴承属于浮动轴承,其合力作用点可随负荷、线速度的不同而有所不同,可适应的工况范围宽广;三是推力轴承的弹性元件除承受推力负荷,均衡各块瓦之间的负荷外,运行时还具有吸收振动的能力,有利于推力轴承的安全稳定运行。此外,弹簧束支承式推力轴承结构紧凑,支承元件尺寸小,对降低发电机的高程有着明显效果。

弹簧束支承式推力轴承的主要支承元件为圆柱螺旋弹簧,由于此种弹簧的承载能力有一定的局限性,一般每个螺旋弹簧的承载重量在 1.5 t 以下。为进一步发挥弹簧束的支承的承载能力,近年来,已将圆柱螺旋弹簧改为碟形弹簧结构,如图 7-63 所示。碟形弹簧具有体积小、储蓄能量大、组合使用方便等优良特性。由碟形弹簧组成的碟形弹簧束支承式推力轴承,已在三峡水轮发电机的推力轴承上使用。

(五)弹性杆支承式

弹性杆支承式推力轴承也属于多支点支承结构。这种结构的推力轴承采用双层轴瓦,其中薄瓦支承在装有若干不同直径销钉(有不同的弹性)的厚瓦上,如图 7-64 所示。薄瓦的变形主要取决于支承销钉在载荷下的表现,而由轴瓦温度梯度引起的销钉变形是次要的。因此,销钉装在瓦上,其尺寸大小(直径大小)是根据轴承油膜的压力分布及考虑到轴瓦的倾斜面而决定的,最终应使轴瓦的变形得到控制并能建立起合适的油膜,具有良好的轴承运行性能。此种支承结构,国外已经在多个水电站得到应用。

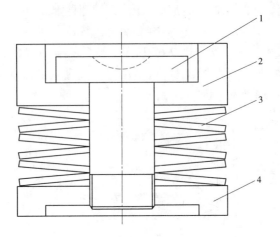

1—螺杆;2—上垫圈;3—碟形弹簧;4—下垫圈

图 7-63　碟形弹簧结构

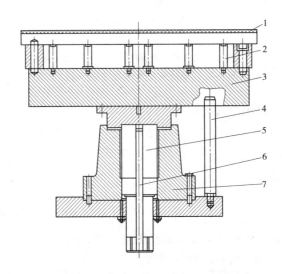

1—推力轴瓦;2—弹性杆;3—托瓦;4—抗扭销;5—弹性支柱;6—负荷测量杆;7—支柱座

图 7-64　弹性杆支承式推力轴承

三、推力轴承结构

推力轴承有许多形式,但其主要组成部分基本相同,即由推力头、镜板、推力轴瓦、轴承座、油槽和冷却器组成。

(一)推力头和镜板

推力头是发电机承受轴向负荷和传递转矩的结构部件,有足够的刚度和强度,推力头用平键连接在转轴上。推力头型式如图 7-65 所示。悬式发电机的推力头采用静配合或过渡配合固定在发电机轴上端,在伞式机组中也有的直接固定在轮毂上或与轮毂铸成整体。制作推力头的材料,以往一般采用铸钢 EG30,目前采用焊接性能及铸造性能较好的合金结构铸钢 ZG20SiMn。

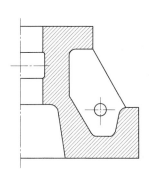

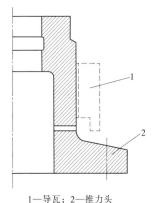

1—导瓦；2—推力头

(a)普通推力头 　　　　　　　　　(b)混合型推力头

图7-65 推力头型式

镜板为固定在推力头下面的转动部件,是推力轴承的关键部件之一,一般用45锻钢制作。镜板有较高的精度和光洁度,与轴瓦相接触的表面加工光洁度达到▽9级以上,在推力头与镜板结合面间常有绝缘垫,主要用于安装时调整机组轴线。近年来有些发电机已取消镜板,直接在推力头端面处加工成镜板所要求的光洁度,这样减少了加工面和组合面,取消了镜板和推力头间的绝缘垫。

（二）推力轴瓦和液压减载装置

1.推力轴瓦

轴瓦在推力轴承中是静止部件,它是推力轴承的主要部件之一,一般做成扇形分块式(见图7-66),通常是在轴瓦的钢坯上浇铸一层厚约5 mm的锡基轴承合金。表面光洁度要求达▽7级,在工地安装时再刮研到▽8,要求每平方厘米有2~3个点接触。轴瓦的底部有托盘,可使各瓦受力均匀,减少变形。托盘安放在轴承座的支柱螺栓球面上,使其在运行中自由倾斜,这样可使推力瓦的倾角随负荷和转速的变化而改变,产生适应轴承润滑的最佳楔形油膜。

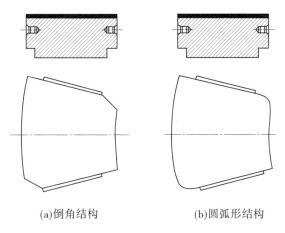

(a)倒角结构 　　　　　　　　　(b)圆弧形结构

图7-66 推力轴瓦

轴瓦以往常采用燕尾槽使钨金与钢坯不脱开,但由于钢和钨金的热膨胀系数不同,受热后易变得起伏不平,特别是在燕尾槽处的合金有明显的凸起。现已采用精密铸造法来改善轴瓦的结合。目前普遍采用的是薄型推力轴瓦结构(见图 7-67),它将厚瓦分成薄瓦和刚性较大的托瓦两部分,由于轴瓦较薄,沿瓦的厚度方向的温度变化较小,因而热变形小,托瓦刚度大,可减小轴瓦的机械变形。

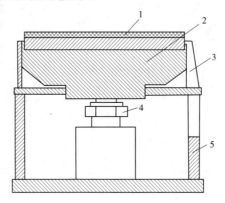

1—薄瓦;2—托瓦;3—外侧挡块;4—支柱螺栓;5—轴承座

图 7-67　薄型推力轴瓦

　　大型水轮机为减小瓦的变形,提高轴瓦承载能力,还采用双排推力轴瓦结构(见图 7-68)和在轴瓦内直接通水冷却的水内冷推力轴瓦结构(见图 7-69),水内冷瓦冷却效果好,瓦温较一般轴瓦低,故可提高轴瓦的承载能力,并可使油冷却器的容量减少一半以上。

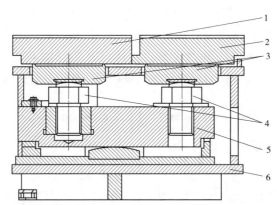

1—外排轴瓦;2—内排轴瓦;3—托盘;4—支柱螺钉;5—平衡梁;6—轴承座

图 7-68　双排推力轴瓦

　　推力轴瓦上都开有温度计孔,用于安装温度计,运行时可监测轴瓦温度。

　　2. 液压减载装置

　　对于启动频繁的水泵－水轮发电机及单位荷载较大的推力瓦,为了改善推力轴承在启动和停机时的工作条件,还在轴瓦中专门设置了液压减载装置(也称之为高压油顶起装置)。在机组启动前和启动过程中不断向推力瓦油槽孔打入高压油,使镜板顶起,在推

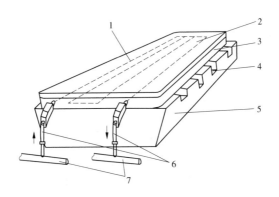

1—冷却水管路;2—钨金层;3—薄瓦;4—冷却油沟;5—托瓦(厚瓦);6—软管连接;7—汇流管

图 7-69　水内冷推力轴瓦

力瓦和镜板间预先形成约 0.04 mm 的高压油膜,这样就改善了启动润滑条件,降低了摩擦系数,从而减少了摩擦损耗,提高了瓦的可靠性。采用这种装置不仅可缩短启动时间,而且还便于安装时对机组盘车。

液压减载装置系统如图 7-70 所示。溢流阀 5 用于调整总管上油压力的高低,溢流部分的油由管子接回油箱;滤油器 3 的作用是保证进入瓦面的油质保持干净;节流阀 1 能调节并均匀分配去各瓦的油量,使各瓦获得同样厚度的油膜。在轴瓦摩擦面上,根据瓦面积的大小加工有 1~2 个油室,其形状有圆形和环形两种。环形油室比圆形油室好,在同样的油膜厚度和承载能力情况下,它可减少 20% 的油室面积和油室压力。机组正常运行时,液压减载装置在撤除状态,为了避免压力油膜通过油室从装置的管道中漏失,降低油膜的承载能力,装有单向阀 4,单向阀一定要有很好的单向密封性能。

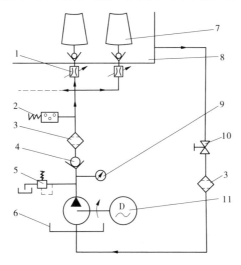

1—节流阀;2—压力继电器;3—滤油器;4—单向阀;5—溢流阀;6—泵油槽;
7—推力瓦;8—推力油槽;9—压力表;10—截止阀;11—电动油泵组

图 7-70　液压减载装置系统

整套液压减载装置的安装布置高度,应比油槽面低,这样管道内不易积存空气,以保证装置正常工作。油泵的油应从油流较稳定的油槽底部吸取,油质应干净,油中泡沫应尽量地减少,因为泡沫打入瓦间,对轴承运行是不利的。

（三）轴承座

轴承座是支承轴瓦的机构,通过它能调节推力瓦的高低,使各轴瓦受力基本均匀,刚性支柱式推力轴承的支承是支柱螺栓垂直打入一装有螺纹套筒的轴承座上。在安装时,轴承调整好后,用锁片紧固支柱螺栓,以防止运行时松动,如图7-71所示。液压支柱的支柱螺栓由弹性油箱支承,油箱外面装有套筒,使油箱不致受机械损伤。在安装调整轴承时,拧动套筒使它与底面接触,作为刚性盘车支承用。轴承的高程由油箱上部支柱螺栓调整,平衡块支柱式推力轴承则由平衡块支承。现在还有的液压支柱式推力轴承取消支柱螺栓,轴瓦直接放在弹性油箱上的结构。

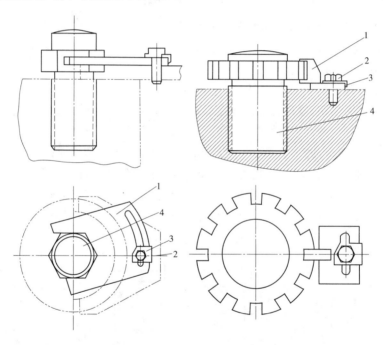

1—锁定板;2—固定螺栓;3—锁片;4—支柱螺栓

图7-71　支柱螺栓锁紧结构

（四）油槽和冷却装置

油槽主要用于存放起冷却和润滑作用的润滑油,整个推力轴承即安装在密闭的油槽内。它可为单独油槽,也可为导轴承共用一个油槽的结构。油箱的密封要求很高,否则不仅会浪费润滑油,还将污染机组和线圈,损坏绝缘,影响机组安全运行。

机组运行时,推力轴承轴瓦摩擦时所产生的热量是很大的,因此油槽内的润滑油除起润滑作用外,还起散热作用,即润滑油将吸收的热量借助于通水的油槽冷却器将油内的热量吸收带走。油槽的冷却方式可分为内循环方式和外循环方式两种。内循环冷却方式如图7-72所示,其特点是将冷却器放在油槽内,结构简单、维护方便;外循环冷却方式特点是将油冷却器设在推力轴承油槽外,用油管和一些装置将它与油槽连接成循环回路。外循环冷却方式有两种形式:一种是外加泵外循环,即采用独立油泵使油循环;另一种是镜板泵外循环,即在镜板(或推力头)上开数个径向孔(见图7-73),当机组旋转时,这些孔产生油泵(类似离心泵)作用,将泵出的热油通过集油盒连接起来,用管子引到油槽外的特别冷却器中,冷却后再返回油箱,如此循环不息。外循环冷却方式的主要优点是:瓦的进油温度低,油槽尺寸较小,冷却器检修方便。

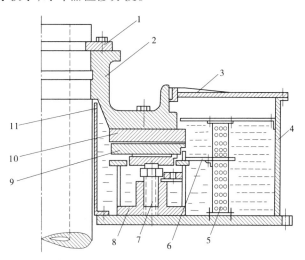

1—卡环;2—推力头;3—轴承盖;4—油槽;5—油冷却器;6—分油板;7—支柱螺栓;
8—轴承座;9—推力瓦;10—镜板;11—挡油筒

图 7-72　内循环冷却的推力油槽

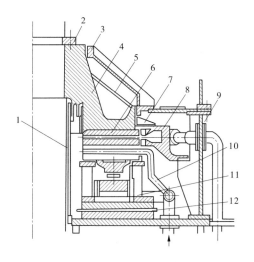

1—挡油筒;2—卡环;3—密封盖;4—推力头;5—挡油罩;6—镜板;7—隔油罩;
8—集油盒;9—油槽;10—喷管;11—轴承座;12—绝缘垫

图 7-73　外循环冷却的推力油槽(镜板泵)

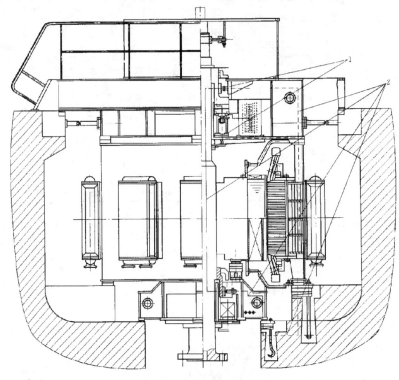

(五)轴电流概念和绝缘垫

1. 轴电流

发电机运行中,在主轴上会产生一定数值的电压,轴电压以交流成分为主。其产生的原因是发电机定子铁芯有合缝、定子铁片有接缝、定子转子不圆造成空气间隙不均匀,以及励磁绕组匝间短路等。这就使发电机在运行时,各部分磁通不均匀,磁力线不完全平衡,这些不完全平衡的磁力线与转轴相切割,就产生了轴电压。大型电机可达 5～15 V。轴电压通过主轴、轴承、机座而接地,形成环形短路电流,如图 7-74 所示。

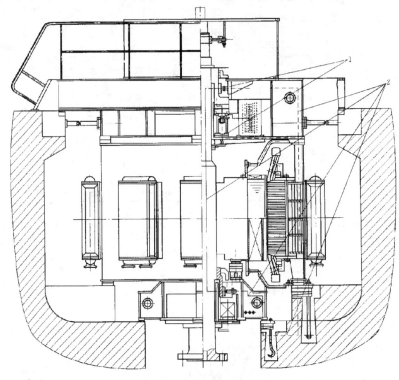

1—绝缘位置;2—轴电流路径
图 7-74　轴电流示意图

由于这种轴电流的存在,会在轴领(或镜板)和轴瓦间产生小电弧的侵蚀,使轴承合金逐渐粘吸到轴领(或镜板)上去,破坏轴瓦工作面,引起轴承过热甚至烧损,此外,由于轴电流的电解作用,也会使润滑油变质、发黑,降低润滑性能,使轴承温度升高。

为了保证机组的正常运行,防止轴电流对轴瓦和镜面的腐蚀,必须将轴承与基础用绝缘垫板隔开,以切断轴电流回路。一般是在轴承(推力轴承和导轴承)上装设绝缘垫及套管。为加强绝缘,可在推力头与镜板间再加一层绝缘垫,如图 7-74 所示。

2. 绝缘垫板

轴承座下面的绝缘垫板,对轴电流起主要绝缘作用。绝缘垫板采用 2 mm 厚的环氧酚醛玻璃布板,加工成数块扇形板,拼成整圆。为提高绝缘性能,绝缘垫板直径比轴承底座外径要长 50 mm。推力头与镜板间的绝缘垫主要作安装时调整机组轴线用。

近年来,有些水轮发电机取消了推力头与镜板间的绝缘垫,采用刮研推力头的方法来调整轴的摆度,克服了由于绝缘垫变形和被腐蚀而引起转轴摆度变化的缺点。取消绝缘垫后,在脉动的轴向作用力下,推力头和镜板结合面仍会引起转轴摆度变化,仍会产生接触腐蚀,影响摆度。为此,在镜板的内外缘装设了圆形密封橡皮盘根,以阻止润滑油的流入。

第八节　导轴承结构和油冷却器

立式水轮发电机导轴承用于承受机组转动部分的径向机械不平衡力和电磁不平衡力,使机组轴线在规定数值范围内摆动。发电机导轴承一般安装在机架中心体的油槽内,属于浸油式滑动轴承,大多采用分块扇形摆动瓦结构。高速机组一般有两个导轴承,转子上下各装一个;对中低速机组,由于主轴有足够的刚度,一般只有一个上导轴承,从而使发电机安装、检修和维护简化。

一、导轴承结构形式

根据发电机的总体结构布置,导轴承有单独油槽及与推力轴承共用一个油槽结构,还有楔子板式导轴承。

(一)具有单独油槽的导轴承

这种导轴承有单独轴领,导轴承直径较小,瓦块数也较少,运行条件较好。为了向轴瓦供油,在轴领下缘有径向供油孔,如图 7-75 所示。在径向供油孔的离心作用下,上浮的热油通过座圈上的孔流向冷却器进行循环。

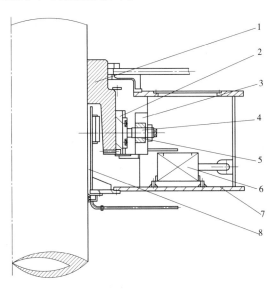

1—轴领;2—导轴承瓦;3—座圈;4—抗重螺栓;5—套筒;6—油冷却器;7—机架;8—挡油箱

图 7-75　具有独立油槽的导轴承

(二)与推力轴承合用一个油槽的导轴承

在这种结构中,推力头兼作导轴承轴领(见图 7-76),因此结构紧凑。但导轴承直径较大,瓦块数较多,为加强导轴承润滑冷却,常在镜板(或推力头)上加工若干个径向孔,向瓦面注油。对于这种结构,应特别注意甩油问题。这种结构一般用于全伞型发电机的下导轴承和中小容量悬型发电机的上导轴承。

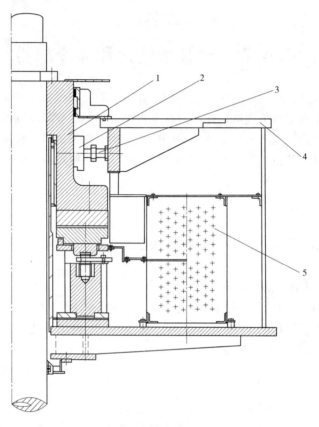

1—推力头;2—导轴承瓦;3—支柱螺钉;4—机架;5—油冷却器

图 7-76 导轴承和推力轴承合用一个油槽的结构

(三)楔子板式导轴承

这种结构以楔子板支承代替支柱螺栓支承,如图 7-77 所示。调节螺杆和锁定螺杆装设在轴承油面上靠近轴承盖处,便于调节导轴承瓦面与轴领的间隙。由于取消了支柱螺栓和有关零件,其结构和制造工艺得到简化。

二、导轴承主要结构部件

导轴承主要结构部件有导轴承瓦(见图 7-78)、导轴承支柱螺栓、套筒、座圈、轴领和冷却器等。

导轴承瓦一般多为分块扇形摆动瓦结构,如图 7-78、图 7-79 所示。导轴承支柱螺栓头部加工成球面,轴承瓦略有支撑偏心,便于形成油膜。瓦面为铅基轴承合金,为防轴承电流侵蚀,对悬式或半伞式发电机上导轴承装有槽型绝缘、绝缘套管和绝缘垫圈,轴领是热套于轴上并与轴一起加工的。

导轴承润滑油面一般设计在导轴瓦高度的 1/2 位置(对于导轴承与推力轴承合用一

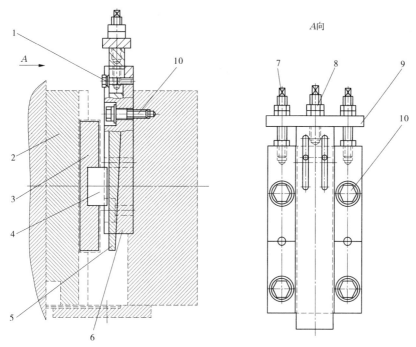

1—螺栓;2—导轴承瓦;3—支持座;4—顶头;5—楔子板;6—垫块;7—固定螺杆;
8—调节螺杆;9—压板;10—螺栓

图 7-77　楔子板式导轴承支承

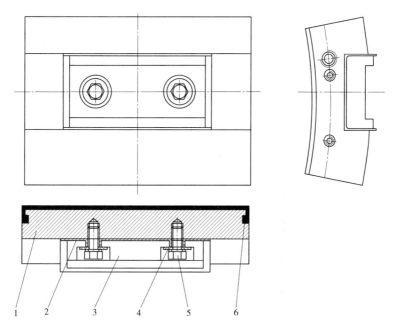

1—瓦坯;2—槽型绝缘;3—支持座;4—绝缘套;5—固定螺钉;6—轴承合金

图 7-78　导轴承瓦结构

个油槽的结构,油面一般不低于导轴瓦高度的 1/3 位置)。为防止导轴承甩油和油雾扩散,与推力轴承密封一样设有密封结构,另外还在轴领摩擦面上方周向开孔。

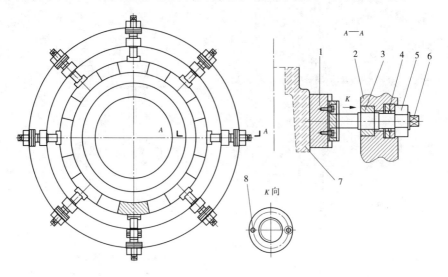

1—导轴承瓦;2—座圈;3—套筒;4—密封圈;5—螺帽;6—支柱螺钉;7—轴领;8—紧定螺钉

图 7-79　典型导轴承结构

三、油冷却器

油冷却器形式很多,基本上可分为以下四种形式。

(一)半环式油冷却器

这是一种带承管板的结构,又称扇形瓣式冷却器,一般采用紫铜管弯成,用承管板连成一体,连接进、排水管,如图 7-80 所示。这种冷却器制造复杂,冷却用水量较大。

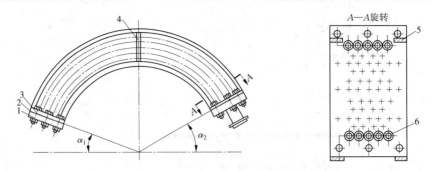

1—水箱盖;2—橡皮垫;3—胀管承管板;4—承管板;5—加固环;6—冷却管

图 7-80　半环式油冷却器

(二)盘香式和螺旋管式油冷却器

盘香式和螺旋管式油冷却器分别如图 7-81、图 7-82 所示。这种冷却器无水箱结构,制造较简单,但水阻力较大,冷却用水量小。

(三)抽屉式油冷却器

抽屉式油冷却器用多根同心排列的 U 形管组成,在油槽内辐射布置并固定在油壁

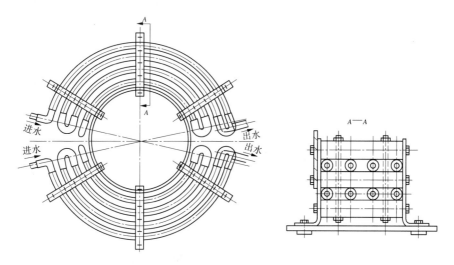

图 7-81　盘香式油冷却器

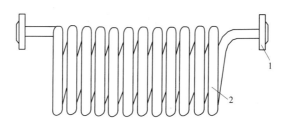

1—连接法兰;2—冷却管

图 7-82　螺旋管式油冷却器

上,如图 7-83 所示。这种冷却器结构上便于检修拆除。

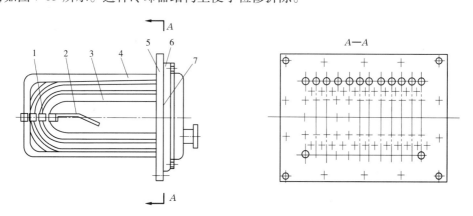

1—管夹;2—挡油板;3—冷却管;4—加固管;5—承管板;6—水箱盖;7—橡皮垫

图 7-83　抽屉式油冷却器

(四)箱式油冷却器

箱式油冷却器结构如图 7-84 所示。

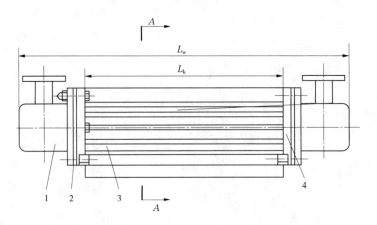

1—水箱盖;2—橡皮垫;3—冷却管;4—胀管承管板

图 7-84　箱式油冷却器

第九节　空气冷却器和制动器

一、空气冷却器

大中容量水轮发电机一般都装设空气冷却器,也称为热交换器。发电机内的热空气,通过空气冷却器进行冷却,降低温度后,进入发电机内部冷却铁芯和绕组。然后经过空气冷却器冷却,再进入发电机内部,如此循环不息,将发电机绕组及铁芯的大量热量通过空气冷却器的冷却水带走。

一般空气冷却器结构如图 7-85 所示,它由许多根冷却水管,上、下承管板,密封橡皮垫和上、下水箱等零部件组成。冷却水管目前多采用黄铜管(或紫铜管)外绕以螺旋铜丝圈而成,也有的采用轧制铝管。

大中容量水轮发电机一般装设 8 个或 12 个空气冷却器。各个冷却器采用并联方式,通过阀门连接到环形进、出水管上。这样,当某一个冷却器发生故障时,可以将其单独关闭而不影响其他冷却器的运行,也有采用两个冷却器串联后再相互并联的方式。

二、制动器

制动器位于转子制动环的下方,中小型机组一般直接装在下机架上,大型发电机制动器则有独立的基础,即在对应制动环的下部设若干支墩,每个支墩上放置 1 ~ 2 个制动器。

(一)制动器的作用

制动器的作用有两个:一是制动;二是顶起转子。

(1)制动作用。依靠制动块与转子磁轭下部制动闸板的摩擦力矩使机组停机。在停机过程中,当机组转速降低到额定转速的 30% ~ 40% 时,制动器即对发电机转子进行连续制动,从而可以避免推力轴承因低速运转油膜被破坏而使瓦面烧损。制动时压缩空气气压一般为 490 ~ 680 kPa。

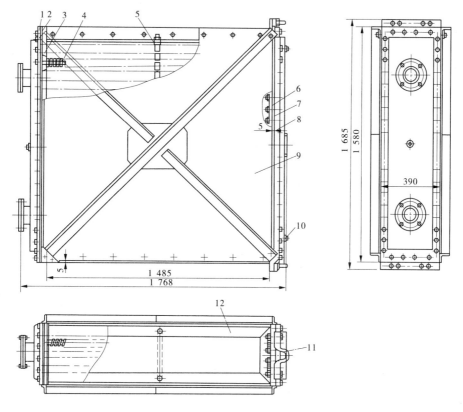

1—下水箱盖;2—下橡皮垫;3—下承管板;4—冷却管;5—管夹板;
6—上承管板;7—上橡皮垫;8—上水箱盖;9—护板;10—螺栓;11—吊攀;12—支持壁

图 7-85　空气冷却器结构　（单位:mm）

　　（2）在安装、检修和启动前顶起转子。当机组停机时间过长（如超过 24 h）时,留存在推力轴承瓦面间的剩余油膜可能消失,这时可利用制动器通入高压油,高压油油压为 7.84～11.6 MPa,将转子略微顶起,使轴瓦面与镜板之间进入润滑油,形成新的油膜。有液压减载装置的推力轴承,可直接用液压减载装置顶起转子。

　　（二）制动器结构

　　对制动器的基本要求是不漏气、不漏油,动作灵活,制动后能正确地回复。

　　制动器结构原理都是一样的。顶部是用耐磨耐热材料做成的制动块（闸瓦）,机组停机时,从气管路孔口充入压缩空气,将活塞顶起,使制动块与转子制动环相摩擦,机组受制动。当顶转子时,由油管路通入高压油推动活塞即可。为了密封,在活塞下部装有密封结构。为了在撤去油压后活塞容易复原,一般装有弹簧结构或气压复位结构（现逐渐趋向用气压式结构来代替弹簧）。制动块顶部高程的调整及转子顶起后的锁定,一般可通过手柄转动底座外的大螺母来实现（锁定板式制动器调整高程灵活性差,只有高、低两种高程）。

　　下面介绍橡皮碗密封结构制动器和 O 形密封结构制动器结构。

　　（1）橡皮碗密封结构制动器。常见的有锁定板式制动器和锁定螺母式制动器两种,

其结构分别如图7-86(a)、(b)所示。橡皮碗密封结构制动器结构简单,密封性能尚好,但橡皮碗边缘容易卡损。

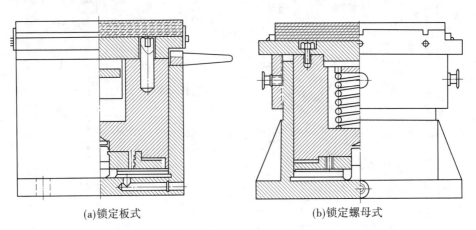

(a)锁定板式　　　　　　　　　　　　　(b)锁定螺母式

图7-86　橡皮碗密封结构制动器

　　(2)O形密封结构制动器。它有单缸和双缸双活塞两种形式。单缸结构有:油、气合一的单缸结构(见图7-87,采用气压复位);油、气管路合一的单缸结构(见图7-88);油、气管路分开的单缸双活塞结构(见图7-89)。双缸双活塞结构是油、气系统完全分开的结构,排除了制动和顶转子操作上的干扰,不易漏油漏气,也比较干净。它有两种结构形式:内、外活塞结构(见图7-90),外活塞下部通入压缩空气可使制动块顶起与制动环摩擦而制动,内活塞下部通入高压油可将转子顶起;上、下活塞结构(见图7-91),上面一组汽缸活塞作为制动用,下面一组汽缸活塞作为顶转子用,活塞的复归用缸外的拉簧,另有导杆导向。

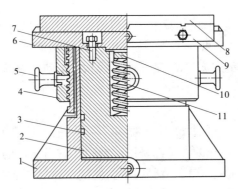

1—底座;2—活塞;3—O形密封圈;4—螺母;5—手柄;6—制动板;
7—螺钉;8—制动块;9—夹板;10—挡板;11—弹簧

图7-87　油、气合一的单缸结构制动器(O形密封)

　　O形密封结构简单,重量较轻,密封性能好,漏油漏气量也小,现已广泛使用。缺点是运行摩擦阻力大,在制动气压撤去后,若用复位弹簧复位的弹力不够,则活塞将难以复位,同时制动时必须保持润滑,否则密封圈易磨损。

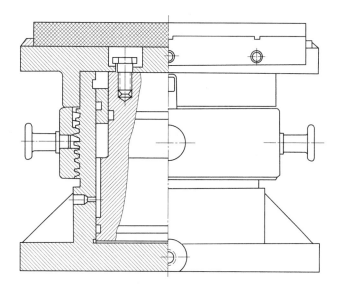

图 7-88　油、气管路合一的单缸结构制动器(O 形密封,气压复位)

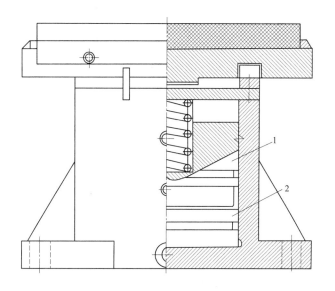

1—上油槽;2—下活塞

图 7-89　油、气管路分开的单缸双活塞结构制动器(O 形密封)

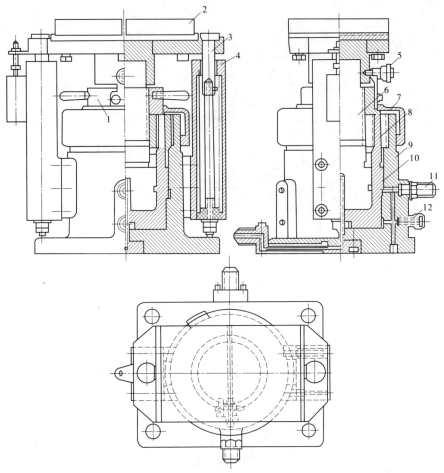

1—锁定螺母;2—制动块;3—圆柱头螺栓;4—弹簧盒;5—定位器;6—内活塞;
7—盖;8—外活塞;9—制动器座;10—密封圈;11—进气接头;12—针阀

图 7-90　内、外活塞结构制动器(O 形密封)

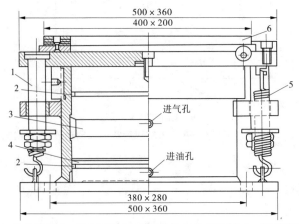

1—导杆;2—O 形密封;3—制动活塞;4—顶起活塞;5—回复弹簧;6—石棉铜丝抗磨闸板

图 7-91　上、下活塞结构制动器　(单位:mm)

习　题

1.请叙述一下水轮发电机的工作原理。

2.水轮发电机分为哪些类型和有哪些基本参数？何为悬式、伞式以及全伞式。

3.能够根据定子装配图,识读定子各组成部分名称及作用。

4.能够根据转子装配图,识读转子各组成部分名称及作用。

5.转子支架有哪些类型？

6.磁轭由哪些部件组成？磁轭及各组成部分发挥什么作用？

7.磁极由哪些部分组成？各发挥什么作用？

8.水轮发电机的机架有哪些类型？

9.推理轴承的工作原理是什么？有哪些类型？刚性支柱式的推力轴承由哪几部分组成？各发挥什么作用？

10.为什么会产生轴电流？怎样解决轴电流的问题？

11.发电机导轴承的主要结构部件有哪些？

12.制动器的主要作用有哪些？

13.油冷却器型式有哪些？

第八章　水轮机常见故障诊断及处理

第一节　水轮机故障原因及分类

水轮机故障是指水轮机完全或部分丧失工作能力,也就是丧失了基本工作参数所确定的全部或部分技术能力的工作状态。

一、故障原因

根据水轮机故障特性,水轮机故障原因一般有:

(1)由于介质侵蚀作用或相邻零件相互摩擦作用的结果,例如空蚀、泥沙磨损、相邻运动零件间的磨损、橡胶密封件的老化等。

(2)由于突变荷载作用超过材料允许应力,而使零件折断或产生不允许的变形,例如剪断销被剪断等。

(3)由于交变荷载长期作用,而使零件产生疲劳破坏,例如转轮叶片裂纹等。

(4)由于制造质量隐患的突然发展。

(5)由于水轮机以外的间接原因。

(6)由于安装、检修、运行人员的错误处理。

二、故障分类

根据水轮机故障出现的性质,故障可分为渐变故障和突发故障。

渐变故障多由零件磨损和疲劳现象的累积结果而产生。这种故障使水轮机某些零部件或整机的参数逐渐变化,例如过流部件的泥砂磨损和空蚀将导致水轮机效率逐渐下降。这种故障的发展及后果有规律性,可用一定精度的允许值(如振动、摆度、效率下降)来表示。

突发故障具有随机性,整个运行期间都可能发生。其现象为运行参数或状态突然或阶跃变化,例如零件突然断裂、振动突然增大等。突发故障的原因多为设计、制造、安装或检修中存在较严重缺陷或设计运行条件与某些随机运行条件不符或设备中突然落入异物等。

通过加强运行中的维护,进行定期的停机检修,使设备保养在最佳运行状态,可以减缓渐变故障的发展过程,预防突发故障及渐变故障在突发因素下转化为突发故障。

第二节　水轮机常见故障处理

一、出力下降

并列运行机组在原来开度下出力下降或单独运行机组开度不变时转速下降,这两种情况多由拦污栅被杂物堵塞而引起,尤其是在洪水期容易发生。对于长引水渠的引水式电站,也可能由于渠道堵塞或渗漏使水量减小而引起。另外,也可能因导叶或转轮叶片间有杂物堵塞使流量减小而引起。

清除堵塞处的杂物可消除这种故障,在洪水期应注意定时清除拦污栅上的杂物。

如果出力下降逐渐严重,且无流道堵塞现象,则可能是转轮或尾水管有损坏使效率下降,应停机检查,进行相应处理。

二、水轮机振动

水轮机在运行中发生较强烈的振动,多由于超出正常运行范围而引起,如过负荷、低水头低负荷运行或在空蚀振动严重区域运行。这时,只要调整水轮机运行工况即可。对于空蚀性能不好、容易发生空蚀的水轮机,则应分析空蚀原因,采取相应措施,如抬高下游水位、减小吸出高度、加强尾水管补气等来减小振动。

三、运行时发生异常响声

运行时发生的异常响声如为金属撞击声,多为转动部分与固定部分之间发生摩擦,应立即停机检查转轮、主轴密封、轴承等处,如确有摩擦,则应进行调整。

另外,水轮机流道内进入杂物、轴承支座螺栓松动、轴承润滑系统故障、水轮机空蚀等也会引起水轮机发生异常响声,应根据响声的特点,结合其他现象(如振动、轴承温度、压力表指示等)分析原因,采取相应处理措施。

四、空载开度变大

开机时,导叶开度超过当时水头下的空载开度时才达到空载额定转速,如果检查拦污栅无堵塞,则是由于进水口工作闸门或水轮机主阀未全开而造成的。检查它们的开启位置,并使其全开。

五、停机困难

停机时,转速长时间不能降到制动转速。这种故障的原因是导叶间隙密封性变差或多个导叶剪断销剪断,因而不能完全切断水流。

如果是导叶剪断销剪断,应迅速关闭主阀或进水口工作闸门,切断水流。对于前一种原因,其故障现象是逐渐发展的,应在加强维护工作中予以消除。

六、顶盖淹水

这种故障多由顶盖排水系统工作不正常或主轴密封失效漏水量过大引起。

对顶盖自流排水的水轮机,检查排水通道有无堵塞。水泵排水的则检查水位信号器,并将水泵切换为手动。对顶盖射流泵排水则检查射流泵工作水压。如果排水系统无故障,则可能是主轴密封漏水量过大,应对其进行检查,调整或更换密封件。另外,应注意是否因水轮机摆度变大引起主轴密封漏水过大。

如果顶盖淹水严重,不能很快处理,则应停机,以免水进入轴承,使故障扩大。

七、剪断销剪断

在正常关机进程中,当导叶被卡住时,剪断销被剪断,同时发出报警旌旗灯信号;在事故停机进程中,当导叶被异物卡住时,剪断销剪断,除发出报警旌旗灯信号外,还经由过程旌旗灯信号装配迅速关闭水轮机的主阀或快速闸门。

剪断销被剪断的原因有以下几点:

(1)导叶间有杂物卡住。

(2)导叶连杆安装时倾斜度较大,造成整劲。

(3)导叶上下端面间隙不及格及上、中、下轴套安装不妥,发生整劲或被卡。

(4)使用尼龙轴套的导叶,在运行中因尼龙轴套吸水膨胀及导叶轴颈"抱死"等。

预防措施有:

(1)在电站上游装设拦污栅,避免漂浮物冲坏拦污栅而流进涡壳及导叶,进水口处的拦污栅应连接无缺。

(2)保证检修质量,以免连杆等部件倾斜,导叶应灵活无整劲。

(3)当采用尼龙轴套时,应预先用水浸处置再加工,或采用尺寸稳定性优秀且吸水率低的尼龙材料。

八、轴承温度过高

这是一种很常见的故障,特别是卧轴机组。这种故障也是对机组正常运行影响最大的一种故障。

从根本上讲,引起轴承温度过高甚至损坏的原因,一是运行时轴承发热量超过正常散热量;二是轴承实际散热量小于正常散热量。

引起发热量增大的最主要原因是,轴承间隙变化而不能保持安装或检修时调整的合理间隙值。其次是由于机械、水力或电气等方面因素引起机组强烈振动,使轴承工作条件恶化。

轴承的散热,主要由润滑油带走轴承发热量和冷却器进行冷却。至于轴承体本身的散热,一般作为安全裕量对待。润滑油能否很好地带走轴承发热,与轴承的上油量有关,不论是分块瓦式还是圆筒式轴承,其上油量又都与轴承间隙有很大关系,也和进油口形状有一定关系。另外,上油量还与油的循环方式有关。对于结构形式一定的轴承,冷却器能否将油冷却,则与通过冷却器的水量和水温有关。

从以上分析可知,在轴承温度过高时,先检查机组振动是否正常,再检查冷却水系统工作是否正常。如均无异常,则应考虑轴承间隙发生变化。停机检查,如确实如此,则应查明原因并重新调整间隙。在轴承承载能力允许的条件下适当扩大间隙,对降低轴承温度是有利的。

当然,轴瓦研刮或安装、检修时,轴承间隙调整不符合要求,也会引起温度过高,但这些影响一般在试运行中已被消除。

对于冷却系统、轴承间隙、机组振动摆度等均正常而轴承温度仍过高的情况,则可考虑润滑油循环不良。根据油循环工作原理,检查有关零部件的设计、制造、装配质量,对其进行调整或改造,使轴承温度降低。

另外,轴承油质劣化或油量不足,也会引起轴承温度过高,但这些原因容易发现,也容易处理。

对于采用干油润滑的滚动轴承,则可能因滚珠或滚柱严重磨损或破裂而使温度过高,这可以根据轴承运行的声音异常进行判断。

九、压力表计指示不正常

这种故障的原因是测量管路中有空气或堵塞,应进行排气或清扫。如测量管路正常,则可能是表计损坏,应予以更换。

十、水轮机空蚀和泥沙磨损

这两种故障的原因、防止措施及基本处理方法,将在下一节中叙述。对多泥沙电站要定期排沙,洪水期不应超负荷运行,避免发生空蚀与磨损的联合作用而加速水轮机的破坏。

除以上几种常见故障外,水轮机还会出现一些别的故障,可以根据设备的结构、工作原理、运行情况,以及故障现象进行分析判断,查明原因后进行相应处理。

第三节　水轮机的空蚀

一、水轮机的空蚀产生的原因

(一)空蚀现象

空蚀现象最早发现于 1891 年,英国高速驱逐舰"达令"号在试航中发现螺旋桨在较短时间遭到破坏,其后在水泵和水轮机叶片中也发现类似的破坏现象。由于当时水力机械处于低速阶段,这种破坏并不显著。随着水轮机向大容量、高水头和高转速方面发展,这种破坏日趋严重,经研究,发现这是由一种叫作"空蚀"的现象所造成的。

日常生活中存在一种普遍的物理现象,即任何液体在一定的压力下,当温度升高到一定数值时,液体开始沸腾;反过来说,若将液体保持在一定的温度,而改变作用在液体上的压力,则当压力变化到某一数值时,液体也开始沸腾。例如,水在一个标准大气压下,加热到 100 ℃才会沸腾汽化;如果改变作用在水面的压力,当压力降低到 0.24 mH$_2$O 时,水温仅 20 ℃便汽化了。在一定温度下水开始汽化的临界压力,称为汽化压力。水在各种温度下的汽化压力列于表 8-1 中。

表 8-1　水在各种温度下的汽化压力

温度(℃)	0	10	20	30	40	50	60	70	80	90	100
汽化压力 (mH_2O)	0.06	0.12	0.24	0.43	0.75	1.26	2.03	3.17	4.83	7.15	10.33

水流在水轮机内运动过程中,局部地区会产生压力下降(有时为负值)的情况,如反击式水轮机转轮叶片的背面、尾水管的进口段都会产生负压。一方面,当压力下降到汽化压力时,水由于汽化而产生汽泡;另一方面,在水中原有残存的极微小的空气泡——空蚀核,因核外压力减小,体积膨胀,也会形成气泡。在气泡中含有蒸汽,也含有原来存在于液体中的气体。在水轮机的转轮中,由于低压区的形成和高速水流的运动,使得汽泡和气泡也在不断地运动。运动中汽泡和气泡会突然压缩或突然膨胀,甚至骤然消失。在这一瞬间,水分子将会产生巨大的撞击力,如果这种撞击力指向金属表面,则金属表面会受到不断的冲击,使金属表面遭到破坏,这就是空蚀现象。

在反击式水轮机的流道中,由于边界条件的变化,某些地方流速会增加,致使压力降低。由于水中含有空蚀核(小气泡、空气等),当压力低于汽化压力时水会发生汽化,释放出汽泡,溶解在水中的气体也会分离出来,变成气泡。这些汽泡和空气泡的混合物,一般称为气穴。这些微泡的形成、发展、溃裂以及对过流表面所产生的破坏过程称为空蚀。

(二)空蚀机制

空蚀的机制目前还未被完全认识,归纳过去已进行的试验和研究,对于空蚀对过流表面产生的破坏作用,比较成熟的观点有三种。

1. 机械破坏作用

在通流部件压力低于汽化压力的地方,会有蒸汽和空气从水中析出,成为夹杂在水中的气泡群,它随着水流运动被带到高压区,在高压作用下,气泡受压,被压缩到一定程度开始溃裂重新凝结成水。在气泡瞬息破裂时伴随发生两种水击压力,一种形式是水流力图在瞬间充满原气泡占据的空间而产生的冲击压力;另一种形式是气泡破裂自身所产生的聚能压力。这些压力形成微观的水击效应,由于发生在极短的瞬间,因此这种瞬时水击压力相当大,可达几百个大气压。

过流表面的某些局部区域,气泡的产生与溃灭处于反复循环的动态过程,产生周期性的脉冲水击压力,使过流表面承受反复的冲击载荷。这样,材料在两种形式上遭到破坏,一种形式属于在屈服点内的疲劳破坏,气泡溃灭后周围流体高速射流挤入金属晶格,冲击过去之后流体又力图从这些金属晶格中流出,正反两种作用都导致晶粒脱落;另一种形式属于超过屈服点后产生塑性变形,直至破坏。

在空蚀侵蚀下,材料破坏的过程本质上是一种疲劳过程,其形式是表面发生剥蚀。对于粗糙的表面,这一过程由于应力集中而加速破坏。

2. 化学破坏作用

一些试验研究认为,化学作用来源于局部高温和氧化。当气泡被压缩时要放出热量,气泡溃灭时形成的高速射流可以产生局部高温。从理论上讲,当射流速度高达 1 600 ~ 2 000 m/s 时,可使钢材熔化。有的试验表明,在气泡破裂时,局部高温可达数百摄氏度,在高温高压的作用下,引起金属材料的局部氧化。

3.电化破坏作用

气泡在高温高压下产生放电现象,即产生电化作用,金属表面的局部温差也形成热电偶,从而对金属表面产生电解作用。

关于空蚀对金属表面的破坏作用,目前的研究还很不完善。一般认为主要是机械破坏作用。在机械作用的同时,化学破坏作用和电化破坏作用加速了机械破坏过程。

空蚀对金属材料的破坏,一般首先使金属表面失去光泽而变暗,接着变毛糙而发展成为麻点,进而呈蜂窝状(海绵状),严重时可使叶片穿孔、开裂和成块脱落。

空蚀破坏造成的后果和影响是十分有害的。空蚀直接破坏水轮机的过流部件,特别是转轮叶片,严重时可使叶片穿孔、缺口甚至脱落;水轮机在空蚀情况下运行、出力和效率都要显著降低,并且要引起噪声、机组的强烈振动和运行不稳定;空蚀缩短了检修周期、延长了检修工期,空蚀检修要耗用大量的贵重金属材料和人力、物力。因此,在设计、制造、安装、运行和维修中,采取有效措施,以防止或减缓水轮机的空蚀程度,是极为必要的。

(三)空蚀的类型

根据空蚀发生的部位和发生条件的不同,水轮机的空蚀一般可分为以下四类。

1.翼型空蚀

翼型空蚀一般指发生在转轮叶片上的空蚀,它在反击式水轮机中普遍存在。

反击式水轮机转轮叶片迫使水流的动量矩发生改变,它意味着叶片的正面和背面必然存在压差,叶片的正面(工作面)为正压,而背面(非工作面)一般为负压。当负压区的压力低于汽化压力时,就可能发生空蚀。因此,背面的低压区是造成空蚀的条件。

混流式转轮翼型空蚀的主要部位如图 8-1 所示。

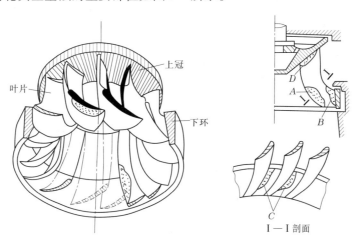

图 8-1　混流式转轮翼型空蚀的主要部位

轴流式转轮翼型空蚀的主要部位如图 8-2 所示。

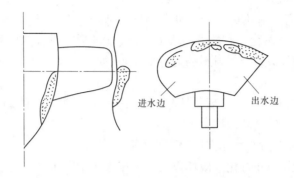

图 8-2　轴流式转轮翼型空蚀的主要部位

翼型空蚀主要是由于翼型设计不合理,制造质量差(如形状走样),以及表面加工粗糙等造成的。

2. 空腔空蚀

反击式水轮机在非设计工况下运行时,转轮出口水流具有一定的圆周分量,水流在尾水管中产生旋转,旋转水流的中心产生涡带(见图 8-3)。涡带的中心形成很大的真空。真空涡带周期性地扫射尾水管管壁,造成尾水管管壁的空蚀破坏。这种空蚀形式称为空腔空蚀。

空腔空蚀不但使尾水管管壁遭到破坏,而且由于涡带产生压力脉动,会形成强烈的噪声和剧烈的振动,严重时,会使机组不能稳定运行。

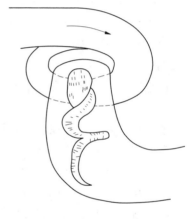

图 8-3　尾水管中的涡带

3. 间隙空蚀

水轮机各过流部件的间隙处产生的空蚀称为间隙空蚀。间隙空蚀是水流通过狭窄的间隙和较小的通道时,因局部流速增高,致使压力降低所产生的。它通常发生在导叶间隙处和止漏环间隙处,以及轴流式水轮机叶片和转轮室间隙处;在水斗式水轮机中,喷嘴和针阀间隙处也有间隙空蚀发生。

4. 局部空蚀

局部空蚀是局部脱流旋涡空蚀的简称。它是由于过流部件表面的局部地方出现凸凹不平,从而使绕流的水流形成旋涡,当旋涡中心压力下降到汽化压力时将产生局部空蚀。

局部空蚀一般发生在有局部凸凹的部分之后(见图 8-4),如在轴流式水轮机的叶片固定螺钉处、转轮室的各段连接处,以及混流式水轮机转轮上冠的泄水孔后面(见图 8-5)等。

局部空蚀与水轮机的制造质量有很大的关系。如转轮叶片的型线误差、机件表面的粗糙度和光洁度等,对局部空蚀均有较大影响。

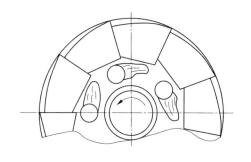

图8-4　局部空蚀

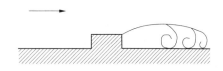

图8-5　转轮泄水孔后局部空蚀

(四)空蚀的等级

　　为了衡量和比较水轮机空蚀的程度,需要制定对空蚀侵蚀的评定标准。目前使用的标准有多种,我国采用单位时间内叶片背面单位面积上的平均侵蚀深度作为评定标准,即

$$K = \frac{V}{FT} \tag{8-1}$$

式中　K———侵蚀指数, mm/h;

　　　　V———侵蚀体积, m^2/mm;

　　　　T———有效运行时间(不包括调相运行时间), h;

　　　　F———叶片背面总面积, m^2。

　　为了区别各种水轮机的空蚀程度,一般将侵蚀指数分成五级并换算成相应的年平均侵蚀速度,见表8-2。一般在V级以上的属于严重空蚀情况。

表8-2　水轮机空蚀侵蚀等级

空蚀等级	侵蚀指数 $K(\times 10^{-4} mm/h)$	侵蚀速度(mm/a)	侵蚀程度
I	<0.057	<0.05	轻微
II	0.057~0.228	0.05~0.2	一般
III	0.228~0.570	0.2~0.5	中等
IV	0.570~1.140	0.5~1.0	较重
V	>1.140	>1.0	严重

　　用叶片背面单位面积和单位时间的平均侵蚀深度作标准,在水电站的实际应用中不方便,因此也有的采用修复空蚀区消耗电焊条的重量作为标准。

　　另外,国际上许多国家采用单位时间转轮空蚀失重来衡量空蚀程度。因此,国内外许多制造厂往往用单位时间内空蚀失重作为质量保证。允许空蚀失重的计算公式为

$$W = \frac{KD^2}{1\,640} \tag{8-2}$$

式中　W———转轮每小时空蚀失重, kg/h;

　　　　D———转轮直径, m;

　　　　K———系数,近年美国取 $K = 0.25$,国际电工委员会(IEC)建议 $K = 0.1 \sim 0.2$。

采用式(8-2)的要求运行条件为:在运行 8 000 h 内超负荷不多于 50 h;低负荷在10%的运行小时内。

二、水轮机的空蚀系数及安装高程

(一)空蚀系数

翼型、空腔和间隙空蚀,在反击式水轮机中是普遍存在的。水轮机空蚀性能的好坏,通常是对翼型空蚀而言的。翼型空蚀主要发生在叶片背面接近出口的区域。

为了进一步弄清空蚀的物理意义,可以分析一下水流流经叶片的压力分布情况,见图 8-6。

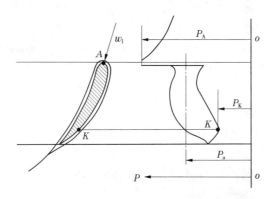

图 8-6　叶片正、背面的压力分布

水流以相对速度 w_1 进入转轮叶栅,在进口边缘流速水头转换为压力水头 P_A。接着水流沿进口边向正面和背面绕流,正面流速开始加大,压力下降;背面流速也加大,且背面液体有脱离叶片的趋势,背面的压力急剧下降。叶片正面大部分为正压,而背面则全部为负压,背面接近出口某一点 K 时压力降到最低,而在叶片出口边处,由于正面和背面的压力趋向一致,背面压力略有回升。

显然,要使叶片不发生空蚀,必须是叶片背面压力最低点 K 的压力 P_K 大于给定温度下水的汽化压力 P_V,即

$$\frac{P_K}{\gamma} \geqslant \frac{P_V}{\gamma} \tag{8-3}$$

通过图 8-7 所示的水轮机流道,求出 K 点的压力,并导出空蚀系数的表达式。

列出 $K - 2$ 点的相对运动能量方程:

$$Z_K + \frac{P_K}{\gamma} + \frac{\overline{\omega_K^2}}{2g} - \frac{u_K^2}{2g} = Z_2 + \frac{P_2}{\gamma} + \frac{\overline{\omega_2^2}}{2g} - \frac{u_2^2}{2g} + \Delta h_{K-2} \tag{8-4}$$

式中　Δh_{K-2}——点 $K-2$ 间的水头损失。

再列出 $2 - a(a$ 为下游出口断面)两点间的能量方程

$$Z_2 + \frac{P_2}{\gamma} + \frac{v_2^2}{2g} = Z_a + \frac{P_a}{\gamma} + \frac{v_a^2}{2g} + \Delta h_{2-a} \tag{8-5}$$

式中　Δh_{2-a}——点 $2-a$ 间的水头损失。

由于出口流速很小,$v_a \approx 0$,式(8-5)变成

$$Z_2 + \frac{P_2}{\gamma} + \frac{v_2^2}{2g} = Z_a + \frac{P_a}{\gamma} + \Delta h_{2-a} \qquad (8\text{-}6)$$

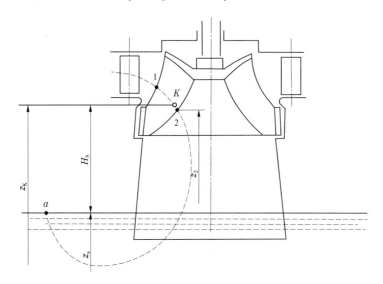

图 8-7 翼形空蚀条件分析

或
$$\frac{P_2}{\gamma} = \frac{P_a}{\gamma} + \Delta h_{2-a} - \frac{v_2^2}{2g} - (z_2 - z_a) \qquad (8\text{-}7)$$

而 $z_2 - z_a \approx H_S$，故式(8-7)变为

$$\frac{P_2}{\gamma} = \frac{P_a}{\gamma} + \Delta h_{2-a} - \frac{v_2^2}{2g} - H_S \qquad (8\text{-}8)$$

将式(8-8)代入得 K 点的压力为

$$\frac{P_K}{\gamma} = \frac{P_a}{\gamma} - H_S - \left[\left(\frac{\overline{\omega}_K^2 - \overline{\omega}_2^2}{2g} + \frac{u_2^2 - u_K^2}{2g} - \Delta h_{K-2} \right) + \left(\frac{v_2^2}{2g} - \Delta h_{2-a} \right) \right] \qquad (8\text{-}9)$$

K 点的真空值为

$$\frac{P_{VK}}{\gamma} = \frac{P_a}{\gamma} - \frac{P_K}{\gamma} \qquad (8\text{-}10)$$

即
$$\frac{P_{VK}}{\gamma} = H_S + \left[\left(\frac{\overline{\omega}_K^2 - \overline{\omega}_2^2}{2g} + \frac{u_2^2 - u_K^2}{2g} - \Delta h_{K-2} \right) + \left(\frac{v_2^2}{2g} - \Delta h_{2-a} \right) \right] \qquad (8\text{-}11)$$

令
$$H_V = \left[\left(\frac{\overline{\omega}_K^2 - \overline{\omega}_2^2}{2g} + \frac{u_2^2 - u_K^2}{2g} - \Delta h_{K-2} \right) + \left(\frac{v_2^2}{2g} - \Delta h_{2-a} \right) \right]$$

则
$$\frac{P_{VK}}{\gamma} = H_S + H_V \qquad (8\text{-}12)$$

式中 H_S——静态真空或吸出高度；

　　　H_V——动态真空。

可见 K 点的真空由两部分组成,其静态真空 H_S 与水轮机的安装高度有关,而动态真空 H_V 由转轮和尾水管共同形成,它主要与运行工况有关,且与水头成正比。

由于点 K 与点 2 很接近,可认为 $u_K = u_2$；且 $\Delta h_{2-a} = \Delta h_{K-a}$,尾水管的水力损失可表示

为

$$\Delta h_{2-a} = \xi_w \frac{v_2^2}{2g} \tag{8-13}$$

式中　ξ_w————尾水管的阻力系数。

尾水管的恢复系数 $\eta_w = 1 - \xi_w$。

经过变换,动态真空的表达式变为

$$H_V = \frac{\omega_K^2 - \omega_2^2}{2g} + \eta_w \frac{v_2^2}{2g} \tag{8-14}$$

用动态真空 H_V 表征水轮机空蚀性能不够完善,因式(8-14)右端两项均与水头 H 成正比,因此采用动态真空的相对值,将式两端同除 H,得

$$\frac{h_V}{H} = \frac{\overline{\omega_K^2} - \overline{\omega_2^2}}{2gH} + \eta_{\overline{\omega}} \frac{v_2^2}{2g} \tag{8-15}$$

全动态真空与水头的比值为水轮机的空蚀系数,则

$$\sigma = \frac{h_V}{H} = \frac{\overline{\omega_K^2} - \overline{\omega_2^2}}{2gH} + \eta_{\overline{\omega}} \frac{v_2^2}{2g} \tag{8-16}$$

水轮机的空蚀系数 σ 是一个无因次系数,它与转轮翼型、运行工况、水轮机形状、转轮出口动能、尾水管的性能及恢复系数等诸多因素有关。对于不同的水轮机,在相同的水头条件下,动态真空越大,发生空蚀的可能性越大。设计和选择水轮机,在保证良好的能量特性的同时,应尽可能减小水轮机的空蚀系数。

影响空蚀系数的因素比较复杂,直接用理论计算或进行测量,均有较大困难。目前通常是用模型试验方法求得水轮机的空蚀系数,称为模型空蚀系数,常用 σ_m 表示。

在工程上是用模型空蚀系数 σ_m 的大小来反映不同系列水轮机的空蚀性能。

将空蚀系数 σ 和吸出高度 H_S 代入式(8-16),则 K 点的压力可表示为

$$\frac{P_K}{\gamma} = \frac{P_a}{\gamma} - H_S - \sigma H \tag{8-17}$$

(二)水轮机的吸出高度和安装高程

反击式水轮机转轮压力最低点出现在叶片背面接近出口边的 K 点,该区域最可能发生翼型空蚀,其真空值由静态真空和动态真空两部分组成。对于一台给定的水轮机,动态真空与该水轮机的结构及运行工况有关。但静态真空则与水轮机本身无关,它仅取决于转轮装置与下游水面的相对高度,常用 H_S 表示水轮机的吸出高度。

在装置水轮机时,可通过选择适宜的吸出高度 H_S 来控制转轮出口处的压力值,以避免翼型空蚀的发生。显然,吸出高度越小,则水轮机装得越低,水轮机不易发生空蚀,但电站的挖方量增加,基建投资加大。因此,选择合理的吸出高度 H_S 是一个重要的技术经济问题。

不发生空蚀的条件是

$$\frac{P_K}{\gamma} \geqslant \frac{P_V}{\gamma} \tag{8-18}$$

将式(8-17)代入得

$$\frac{P_a}{\gamma} - H_S - \sigma H > \frac{P_V}{\gamma} \tag{8-19}$$

移项后得

$$H_S \leqslant \frac{P_a}{\gamma} - \frac{P_V}{\gamma} - \sigma H \tag{8-20}$$

式(8-20)为不发生翼型空蚀的基本条件,即吸出高度 H_S 不大于公式右端的数值,就可避免发生翼型空蚀。

设 $\dfrac{P_a}{\gamma} = H_a, \dfrac{P_V}{\gamma} = H_V$,则式(8-20)可改写为

$$\frac{H_a - H_S - H_V}{H} \geqslant \sigma \tag{8-21}$$

式中　H_a——大气压水头,mH_2O;

　　　H_V——汽化压力水头,mH_2O。

式(8-21)中左边各项数值完全取决于水轮机安装处的环境条件,称它为水轮机的装置空蚀系数,用 σ_Y 表示,则

$$\sigma_Y = \frac{H_a - H_S - H_V}{H} \geqslant \sigma \tag{8-22}$$

即
$$\sigma_Y \geqslant \sigma \tag{8-23}$$

式(8-23)为不发生空蚀的另一种表达形式,即水轮机的装置空蚀系数应大于水轮机的空蚀系数,水轮机才不发生翼型空蚀。$\sigma_Y = \sigma$ 称为临界状态。

将 H_a 及 H_V 代入式(8-20)得

$$H_S \leqslant H_a - H_V - \sigma H \tag{8-24}$$

应用式(8-24)进行实际计算时,考虑到海平面的大气压为 10.33 mH_2O,而水轮机安装处实际高程各不相同,当海拔为 ▽ m 时,平均大气压将降低 $\dfrac{\nabla}{900}$ mH_2O;另外,一般地区河流水温多在 5~20 ℃,相应的汽化压力为 0.09~0.24 mH_2O。综上所述,式(8-22)可写成

$$H_S \leqslant 10 - \frac{\nabla}{900} - \sigma H \tag{8-25}$$

在应用该式计算水轮机的吸出高度 H_S 时,考虑空蚀系数是由模型进行外特性试验获得的,且试验本身存在误差以及模型水轮机与原型水轮机制造工艺的误差等原因,因此在计算 H_S 时,应留有一定的余地。一般在水轮机模型综合特性曲线上查得空蚀系数后,应再加上一个修正量。

这样,式(8-25)可写成

$$H_S \leqslant 10 - \frac{\nabla}{900} - (\sigma + \Delta\sigma)H \tag{8-26}$$

式中　▽——水轮机安装处海拔,m,一般可用电站最低尾水位;

　　　H——通常采用设计水头;

　　　$\Delta\sigma$——根据设计水头从图8-8查得的空蚀系数修正值。

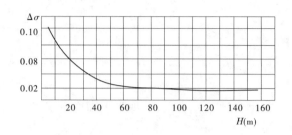

图 8-8　空蚀系数修正值

为了安全,在式(8-26)计算的基础上再减去$(0.5 \sim 1)$m,即

$$H_{\mathrm{S}} \leqslant 10 - \frac{\nabla}{900} - (\sigma + \Delta\sigma)H - (0.5 \sim 1) \tag{8-27}$$

另一种考虑空蚀系数修正的方法,是对模型空蚀系数乘以安全系数 K_σ,即

$$H_{\mathrm{S}} \leqslant 10 - \frac{\nabla}{900} - K_\sigma \sigma H \tag{8-28}$$

式中　K_σ——空蚀安全系数,即装置空蚀系数与模型空蚀系数之比,对轴流式水轮机,
　　　　　　$K_\sigma = 1.1 \sim 1.2$,对混流式水轮机,$K_\sigma = 1.2 \sim 1.5$;

　　　　H——一般按设计水头计算,对混流式水轮机还应以最大水头、轴流式水轮机以最
　　　　　　小水头对应的 σ 进行核算。

H_{S} 是下游水面至转轮叶片上压力最低点 K 的距离,由于 K 点的位置难以确定,而且
该点随工况变化而变动,为计算方便,工程实践中对不同型式和装置方式的水轮机作了统
一规定:

(1)立轴混流式的 H_{S} 为下游水面至导水机构底环平面的距离。

(2)立轴轴流式和斜流式的 H_{S} 指下游水面至转轮叶片旋转中心线与转轮室内壁交点
的距离。

(3)卧轴反击型水轮机的 H_{S} 指下游水面至叶片最高点的距离。

上述计算出的 H_{S} 为正值,则说明规定处装在下游水位以上;若 H_{S} 为负值,则处于下
游水位以下。

上述吸出高度 H_{S} 是一个相对值,反映不出绝对海拔高度。在实际工程中,要确定安
装的标记基准,即安装高程。

(1)对立轴混流式水轮机,安装高度为导水叶中心(水平线)处的海拔高度。

(2)对立轴轴流式水轮机,安装高度为导转轮叶片中心线处的海拔高度。

(3)对卧轴反击型水轮机,安装高度为主轴中心所处的海拔高度。

安装高程可按下式计算:

$$\nabla_\text{安} = \nabla_\text{下} + H_{\mathrm{S}} + B \tag{8-29}$$

式中　$\nabla_\text{安}$——安装高程;

　　　　$\nabla_\text{下}$——下游尾水位;

　　　　H_{S}——吸出高度;

　　　　B——尺寸,对立轴混流式水轮机 $B = \dfrac{b_0}{2}$,b_0 为导叶高度,对立轴轴流式水轮机

$B = 0$,对卧轴反击型水轮机 $B = -\dfrac{D_1}{2}$,对于立轴轴流式水轮机,也有用导叶

中心的海拔高度作为安装高程的,估算时可取 $B = 0.41D_1$。

式中的下游尾水位在实际中有多个。采用的下游尾水位不同,计算出来的安装高程也不同。对中小型水电站,可按下述方法确定:

装机 1~2 台的中小型水电站,取一台机 50% 额定出力时相应的下游水位;对装机多于 2 台的中小型电站,取一台机满出力运行时相应的下游水位。

水斗式水轮机的安装高程与空蚀系数无关。对立轴机组,水斗中心线至最高尾水位的距离一般等于 D_1;卧轴机组转轮最低点距下游最高水位的距离,根据结构和设计的可能,取 0.3~0.5。各种水轮机 H_S 的确定规定图如图 8-9 所示。

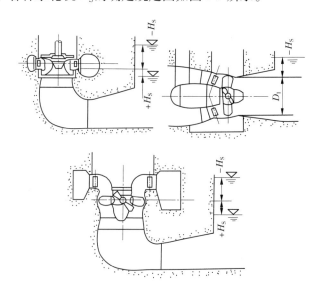

图 8-9 水轮机吸出高度规定图

计算吸出高度的目的是确定水轮机的安装高程。水轮机的安装高程可按下式计算。

立轴混流式水轮机的安装高程:
$$\nabla_{安} = \nabla_{d} + H_S + \frac{b_0}{2} \tag{8-30}$$

立轴轴流式水轮机的安装高程:
$$\nabla_{安} = \nabla_{d} + H_S \tag{8-31}$$

卧轴混流式水轮机的安装高程:
$$\nabla_{安} = \nabla_{d} + H_S - \frac{D_1}{2} \tag{8-32}$$

式中 ∇_{d}——下游最低水位;

   b_0——导叶高度;

   D_1——转轮直径。

在实际工程中,按式(8-32)确定安装高程,仍可能发生空蚀,有时还相当严重。

三、空蚀对水轮机运行稳定性的影响

水轮机的运行稳定性,一般指水轮机稳定于某一工况下运行而无出力或开度的摆振,也没有超出规范的振动、噪声和压力脉动。水轮机的工作稳定性是一项重要的性能指标。

空腔空蚀对水轮机的工作稳定性有很大的影响。水轮机在最优工况运行时,出口绝对速度 v 与圆周速度 u 垂直,绝对速度不存在圆周分量。对于混流式和定桨式水轮机,在非设计工况下运行,出口水流不再是沿法向流动,出口绝对速度出现较大的圆周分量,如图 8-10 所示。由于 v_{u2} 的存在,水流在转轮出口产生旋转,在尾水管中水流亦旋转着排向下游,这样在尾水管中形成一个真空涡带。当旋转的真空涡带扫射到尾水管管壁时,会引起管壁区水流汽化,使管壁发生空蚀侵蚀。当涡带拍击尾水管管壁时,还将引起机组的振动。这种振动随涡带的尺寸和偏心度的增加而加剧。

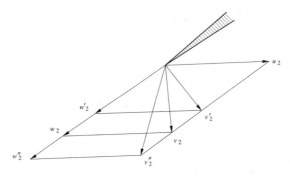

图 8-10　非设计工况下的出口速度三角形

由于真空涡带周期性扫射尾水管管壁,使尾水管内水流周期性受阻,从而造成流量和压力的不稳定,这就是转轮出口水流产生压力脉动的根源。压力脉动可引起机组的基础、机架、轴承的振动和主轴的摆动。

混流式水轮机振动和运行不稳定,一般在低负荷运行即导叶开度在 40% ~ 60% 时出现,其压力脉动值可达运行水头的 12% 左右。

上述真空涡带通常呈螺旋状,其形态随工况发生变化,一般在开度 $a_0 = 40\% ~ 60\%$,空腔涡带较粗;随着开度的增加,涡带直径逐步减小;当开度接近最优开度时,涡带直径很小,甚至消失。

空腔空蚀时引起的空蚀噪声,主要由水力振动引起,例如压力脉动引起的激振、空蚀气泡急剧溃裂引起的冲击波传播到金属部件和涡带的振摆等。

空腔空蚀时产生的压力脉动、振动和摆动以及空蚀噪声等,对水轮机的稳定运行影响很大。在水轮机运行中,应合理拟定运行方式,改善水轮机运行工况,尽量避开空蚀较严重的运行工况区。特别是对混流式和定桨式水轮机,应尽可能减少或避免在低水头低负荷下运行。同时可采取一些措施,以减缓空腔空蚀。例如,不少电站采用尾水管十字架补气后,收到了较好的效果。

四、水轮机的空蚀破坏与防护

(一)反击式水轮机的空蚀破坏

空蚀在反击式水轮机中是普遍存在的。对反击式水轮机的空蚀破坏的调查,大致有以下情况:

(1)对空蚀影响大的因素有 σ 值、制造材料、运行工况和泥沙性质等。据统计,转轮叶片形状是对空蚀影响最大的因素。在同样的条件下,具有优良翼型的,抗空蚀性能较好。因此,在制造上保证有优良的翼型,对防止和减轻空蚀极为重要。

(2)转轮叶片上的空蚀一般只在局部区域发生,对 24 个水电厂的 39 台机组进行调查发现,A 区发生翼型空蚀的占 62%,叶片空蚀最大面积达叶片面积的 15%,个别的深度达 46 mm 甚至接近穿孔。所调查的水轮机中,半数以上空蚀严重,有少数转轮在叶片正面也有空蚀发生,后来采取了一些措施,空蚀情况有不同程度的改善。

(3)制造材料影响空蚀。用不锈钢制造的转轮,抗空蚀性能较好。日本在一次原型水轮机调查中发现,用不锈钢制造的转轮只有 25.8% 发生了空蚀,而用碳钢制造的转轮有 60% 空蚀严重。

(4)同一转轮的不同叶片上空蚀程度不同,若干水电厂都存在这一情况。如某厂 5 号机经过 5 年运转,最好与最坏的叶片空蚀面积相差 15 倍;最大空蚀深度相差 10 倍;有个别叶片多年来未发生过空蚀。另一水电厂的 1 号机运行 4 年后,14 个叶片中 13 个都有较严重的空蚀,另外一个叶片却基本上未发生空蚀。实测这些翼型,其最大误差有的竟达 20 mm 以上。

(5)检修是否及时,对空蚀破坏的影响程度亦不同。如某水电站的轴流转桨式水轮机,运行一年半,空蚀面积只有 0.8 m^2,补焊用了 40 kg 不锈钢焊条。以后每隔一年检修一次发现,空蚀都不严重。但第 5 次检修隔了 2 年,发现空蚀较严重,补焊用了 500 kg 焊条。

(6)不同型号转轮空蚀程度不一样。某厂装置两种型号的水轮机,在相同条件下运行一年后,一种空蚀严重需检修处理,而另一种却基本上无空蚀痕迹,而两种型号在设计和运行中均满足了运行范围内最大允许吸出高度 H_S 的要求。

(7)同一型号不同厂家制造的水轮机,空蚀情况不一样。某水电站装置的 6 台同型号水轮机中 5 台由甲厂制造,1 台由乙厂制造,运行了 15 年。乙厂制造的那台一直空蚀较轻,运行稳定,而甲厂制造的 5 台几乎每台空蚀都较严重。

(8)同一水轮机在不同工况下运行,空蚀破坏程度不同。某水电站一号机在 60~74 m 水头下运行 4 年,转轮空蚀尚轻,后来在 60 m 水头以下仅运行 7 个月,空蚀情况急剧变坏,叶片出现空蚀穿孔。

(9)不同的水电站空蚀侵蚀规律不同:

①空蚀面积随运行时间而变。某水电站运行时间从 3 447 h 增加到 6 123 h,空蚀面积增加 1 倍,而空蚀深度没有什么变化。

②空蚀深度随运行时间而变。某水电站运行时间从 3 061 h 增加到 5 054 h,空蚀深度增大 6 倍,而空蚀面积无明显增加。

③空蚀面积和深度均随运行时间增加。大多数属这种类型,某水电站运行时间从 6 194 h 增加到 8 750 h,空蚀面积及深度均增加 1 倍。

(二)水轮机的空蚀防护

空蚀对水轮机的正常运行是十分有害的,引起水轮机空蚀破坏的因素又很复杂。

国内外对空蚀的防护作了大量的观测、试验和研究,总结出一些防空蚀的经验。目前对空蚀的防护措施,主要有下列几个方面。

1.设计方面

(1)改善水轮机转轮的水力设计。

转轮叶片翼型对空蚀性能有显著影响,因此应注重翼形的设计。进水边应具有一定半径的圆弧,不同断面的翼型应按背面具有较均匀的压力分布来选择,使低压区缩小并尽可能靠近出水边,以便气泡在叶片区以外溃灭。翼型断面应呈光滑流线形,使水流平顺流畅。在保证强度要求的前提下,出水边要尽量地薄,整个流道的几何尺寸比例应配合适当。上述种种考虑,都是为了获得叶片设计中降低空蚀系数的有效方法。但是,从能量观点出发,又要求水轮机过流能力尽可能大。在相同的流道条件下,过流能力大则水流绕翼形的相对速度也大,从而使叶片背面流速分布变化大,而且最低压力点的压力小。可见,能量特性与空蚀特性两者难以统一,设计叶片必须统筹考虑。

近年一些水力设计与试验成果表明,改进尾水管及转轮上冠的设计,能有效减轻空腔空蚀,提高运行稳定性。目前的设计倾向是,加长锥管和加大扩散角,以及加长转轮的泄水锥。

(2)优化选型设计。

水轮机翼型空蚀与 H_s 有密切关系。为了减轻空蚀破坏,应选择适合电站自然条件而空蚀性能好的水轮机。选型设计中,水轮机的比转速 n_s、空蚀系数 σ、吸出高度 H_s 均是密切相关的。比转速越高,空蚀系数越大,H_s 越小,挖方与土建投资越大。这几者之间不能过分强调某一方面,不可顾此失彼,应统筹比较,采用优化配合。

2.制造方面

(1)提高制造加工的工艺水平。

制造质量的好坏对空蚀性能影响很大。如某转轮空蚀性能较好,但在一些电站运行空蚀严重,经检查确认是制造时由翼形误差较大引起的。为了提高加工工艺水平,制造厂家应采用先进的加工工具和机具,严格控制加工精度,提高检测水平,以保证转轮叶片铸造与加工后的翼形与叶片木模图一致。

加工工艺的另一个重要质量指标是翼形表面质量与内部质量。实践证明,叶片表面的粗糙度、波浪度、出水边厚薄不均、铸件存在砂眼、夹渣和气孔等,都将加剧空蚀破坏。

(2)采用抗空蚀的材料。

提高转轮抗空蚀性能的另一措施是采用优良的抗空蚀材料。抗空蚀材料应具有韧性强、硬度高、抗拉力强、疲劳极限高、晶粒细密、可焊性好等综合性能。从冶金及金属材料的情况看,目前只有不锈钢和铝铁青铜近似兼有这些特性。因此,现在倾向于采用以镍铬为基础的各类高强度不锈钢整铸和铸焊转轮,或者以普通碳钢或低合金钢为母材,堆焊或喷焊镍铬不锈钢作保护层。

3. 运行方面

（1）改善运行条件，合理选定工作区。

随着机组出力 N 和水头 H 的变化，H_S 也不断变化。运行条件主要指这三者的变化情况。特别是混流式和定桨式水轮机，由于它的叶片固定，运行条件变化对转轮水力性能影响很大。运行条件的改善，主要是改善水轮机的负荷，有时可把机组限定于某一出力区运行。有条件的，可通过改变开机方式，进行机组成组调节，以改善运行工况。对空蚀较严重的运行工况区，应尽量避开。

（2）进行空蚀补气。

补气对破坏空腔空蚀、减轻振动有一定的作用。将空气送进空蚀区，可使负压区的气泡内部压力上升，从而减小真空度；也能使水的密度变小、可压性增加，使气泡溃灭时产生的冲击力降低。目前，一般采用以下两种补气方式：

①主轴中心孔自然补气。当尾水管真空度达到某一数值时，补气阀被吸开，空气通过主轴中心孔和补气阀进入转轮下部，改善该处真空。补气运行表明，它能减轻由于水力原因引起的振动，但补气量小，难以消除尾水管涡带引起的压力脉动，并且噪声较大。

②尾水管补气，即在尾水管直锥段上部装设十字架或三叉架，接至补气阀，一般采用自然补气。对于一些下游水位高、无法自动补气的，也可采用压缩空气。尾水管补气对减缓空蚀、减轻振动效果较好。有的水轮机制造厂，在制造时已装置了补气管（架），有些中小型机组本身没有尾水管补气装置，运行中由于空蚀较重而加设。

尾水管补气的效果取决于补气量、补气位置以及补气装置结构形式。一些试验表明，补入某一空气量，对消除尾水管压力脉动最有效，称之为最优补气量，约为 1.5% 过流量。

补气位置应使所补入的空气顺利地进入压力脉动区，反击式尾水管最大压力脉动区一般在离转轮出口 $0.3 \sim 0.4D_1$ 处，补气装置的位置应与此相应。

关于补气及补气装置对水轮机效率的影响，目前看法不一。一种看法是，补气能削减涡带、振动及压力脉动，同时补气装置本身就是一种稳流结构物，对涡带起破碎作用，可提高尾水管的效率；另一种看法是，补气降低了尾水管的真空度以及结构物对水流的阻力损失，从而降低了水轮机的有效水头。

4. 检修方面

（1）加强空蚀检修。

空蚀破坏有一定的潜伏期，及时检查及处理空蚀痕迹，能有效控制空蚀损坏，从而避免空蚀痕迹发展为凹坑。某水电站 1、2 号机组发现有微细裂纹和轻度空蚀时，未及时处理，不到两年，发展成严重裂纹。

（2）金属堆焊修整。

对遭受空蚀破坏的区域，要削除已空蚀物质，打磨清理至基本金属进行堆焊，多块小面积要磨连成一片处理；堆焊的材料应采用抗空蚀性能好的材料；同时要注意堆焊质量，不得有气孔、夹渣等。在补焊时，可根据空蚀轻微或未空蚀的叶片翼型，修改相应的堆焊部位的翼型。

（3）采用抗空蚀材料作表面防护。

鉴于空蚀破坏主要是力学性质的破坏，国内外均重视研究采用各种合成树脂、合成橡

胶、工程塑料等高分子化合物作涂料,保护金属表面。应用这种抗蚀涂层,主要优点是降低检修费用,简化检修工艺,延长大修周期。

目前使用的非金属抗蚀涂料主要有三类:①以环氧为基本材料,加入各种矿石粉或金属粉的刚性涂层;②以氯丁、聚氨酯、液态橡胶及硫化聚乙烯等为基本材料的弹性涂层;③以粉末塑料为基本材料的热塑性涂层,即使用各种弹性材料作粉末喷涂。

大量试验表明,这些涂层有较好的抗空蚀性能,但目前涂层普遍存在的缺陷是与金属母材的黏结力较差,特别是叶片在负压情况下,涂层由于黏合不牢易被水流冲毁。用非金属涂层来防护空蚀和泥沙磨损,预期有着重要的发展前途。

第四节　水轮机的泥沙磨损

一、泥沙磨损一般概念

水流中含有泥沙,对水轮机过流部件造成磨损。水轮机的泥沙磨损是一个复杂的课题,在这方面研究的时间不长,理论上还不够成熟,通常认为泥沙磨损是由于机械和化学作用的结果。高速含泥沙的水流通过过流表面时,有摩擦切削作用和化学作用,含沙水流冲击过流表面的瞬间,可产生高温高压使金属表面氧化,急剧的温度变化会引起金属保护膜的破坏而引起局部腐蚀。在泥沙的不断冲击下产生交变应力,加速了金属保护膜的破坏。另外,某些坚硬的泥沙颗粒(如石英砂)的硬度高于金属材料的硬度且具有尖锐的棱角,当它以很高的速度冲击金属表面时,冲击点的局部应力大于材料的破坏强度,会引起金属表面细微颗粒逐步脱落。泥沙颗粒擦伤金属表面,产生磨损形成沟槽、波纹或鱼鳞坑,其方向与水流方向基本一致。磨损使金属表面不平整,加剧了局部空蚀的发生和材料的破坏。

对于混流式水轮机,磨损部位主要有叶片、上冠下环内表面、抗磨板、导水叶及尾水管里衬。轴流式水轮机磨损部位主要有叶片、转轮室、轮毂、顶盖、导水叶、底环和尾水管里衬。水斗式水轮机主要是水斗、喷嘴和针阀。

二、泥沙磨损的类型及特征

泥沙磨损大致可分为以下两种类型。

(一)普遍的均匀磨损

这种磨损的特征是表面磨薄、磨光或表面变粗糙及带有轻微波纹、条纹。我国三门峡水电站转轮叶片背面靠内缘区域,如图 8-11 中波浪线以上区域为均匀磨损,表面粗糙,平均磨薄了 3 mm。

(二)局部的不均匀磨损

其特征是表面严重破坏,往往是在空蚀的联合作用下,零件表面产生沟槽、大片鱼鳞坑或深坑等。图 8-11 中波浪线之间的区域为大片鱼鳞坑,波浪线以下平均磨损深度为 30 mm,叶片与转轮室间隙扩大到 120 mm。

水轮机的磨损对运行和检修影响很大,可造成过流部件的损坏以及出力与效率下降。

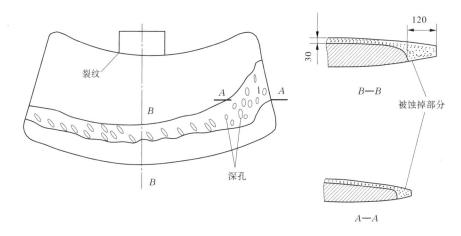

图 8-11 三门峡水电站转轮叶片背面的磨损

磨损和空蚀联合作用使过流部件的破坏加剧,影响电站的安全运行。对磨损问题必须给予足够的重视。

三、泥沙磨损破坏的因素

引起泥沙磨损破坏的因素诸多,大致有下列几方面。

(一)磨损物质的特性

磨损物质的特性主要指磨损物质的沙粒成分、颗粒大小、硬质、形状等。

一般的沙粒成分有石英、云母、长石等。沙粒硬度愈大,磨损愈严重;粒径愈大,磨损愈严重。

(二)受磨材料的特性

受磨材料的特性指水轮机过流部件金属材料的内部组织及成分、粗糙度、表面尺寸、硬度等。表面硬度越高,材料显微组织越密实,晶体结构越均匀,抗磨性能越好。

(三)水流的特性

水流的特性指水流含泥沙的浓度、水流速度大小及方向等。水流含泥沙的浓度越大,水流速度越大,磨损越大。另外,过流部件形状与水流运动不一致,则会出现冲角入流,增加磨损。

(四)运行方式的影响

当在非设计工况下运行时,会引起空蚀和磨损对机件的联合作用,其表现为:

(1)空蚀和磨损联合作用时间在材料的空蚀潜伏期内,这时材料破坏仅与水流速度、泥沙含量及沙粒特性有关,即主要为磨损。

(2)若空蚀与泥沙磨损作用时间超过了材料的空蚀潜伏期,则空蚀作用明显加大。

(3)当材料的空蚀潜伏期短,空蚀强度超过磨损强度时,主要为空蚀作用。

四、防止泥沙磨损的措施

(1)合理布置水利枢纽,尽可能减少进入水轮机的泥沙。

在多泥沙河流上修筑水电站时,取水枢纽应采取防沙、排沙措施,如修建沉沙池、拦沙槛等;取水口与排沙口应有足够的高差,使粗颗粒、高含沙量的水流通过排沙孔排出。

(2)合理选用机型,适当降低水轮机参数。

目前还没有专门设计防泥沙磨损的转轮,只能在相同条件下,用降低水轮机的水流速度、加大通道尺寸和加厚叶片等方法来减缓磨损破坏,即选择能量参数较低的机型。

(3)采用抗磨材料。

可采用抗磨材料整铸,或者在易磨损部位铺焊或堆焊抗磨材料。抗磨性能较好的金属材料和非金属材料有镍铬合金、铬五铜、环氧金钢涂料和复合尼龙涂料等。

(4)改善运行条件。

混流式水轮机在50%出力以下、轴流转桨式水轮机在30%~40%出力以下运行时,容易产生振动和空蚀,且会加剧空蚀和泥沙磨损的联合作用,因此要避免在低出力工况区运行。

第五节 水轮机的振动

一、振动的分类

水轮机的振动是一个普遍存在的问题,一般来说,机组都存在着振动和摆动。在水电站运行中,应将振动规定在某一允许范围内,超出允许范围则要找出原因和采取消除措施。

(一)按干扰力分类

振动可分为自激振动和强迫振动。在自激振动中,维持振动的干扰力是由运动本身产生或控制的,运动停止则干扰力消失。受迫振动中,维持振动的干扰力的存在与运动无关,即使运动消失,干扰力仍然存在。

使机组产生振动的干扰力来自以下3个方面:

(1)机械部分的惯性力、摩擦力及其他力,这些力引起的振动称为机械振动。

(2)过流部分的动水压力,它引起的振动称为水力振动。

(3)发电机电气部分的电磁力,它引起的振动称为电磁振动。

(二)按振动方向分类

按振动方向可分为横向振动和垂直振动。

(三)按振动部位分类

按振动部位可分为轴振动、支座(机架与轴承)振动和基础振动等。必须指出,在机组振动中,轴振动占有重要地位。大部分振动因素和轴振动紧密相连,而且轴振动又会向机组静止部分传递。轴振动有两种主要形式,即:

(1)弓状回旋。这是一种横向振动,振动时转子中心绕某一固定点作圆周运动,其半径即为振幅。

(2)振摆。这时轴中心没有圆周运动,但整个转子在垂直平面中绕某一平衡位置来回摇摆。

二、振动的危害

机组的振动是国内外各电站安全运行中存在的普遍而又突出的问题。因为机组振动的振幅超过一定范围时,轻者要缩短机组的使用年限或增加检修的次数及检修工期,振动强烈的机组不能投入运行,否则危害极大。日本有几座电站因强烈振动使得压力钢管爆裂造成电站淹没,人员伤亡。

振动可以引起共振的危险性很大。我国某电站由于叶片出口边产生的卡门涡列的频率与转轮叶片的自振频率一致而共振,使得 4 台转轮共产生 67 条裂纹,运行不到 5 年全部报废更新。

尾水管中压力脉动引起的振动,一方面使尾水管壁遭受破坏,另一方面会引起出力摆动和运行不稳定。如有的电站由于振动使尾水管里衬开裂、脱落。

由于振动严重,定子固定螺栓、空气冷却器螺钉剪断等现象时有发生。

三、引起振动的原因

(一)机械振动

引起机械振动的因素有转子质量不平衡、机组轴线不正和导轴承缺陷等因素。

由于转子质量不平衡,转子重心对轴线会产生一个偏心矩,主轴旋转时因失衡质量离心惯性力的作用,主轴将发生弯曲变形而产生所谓的弓状回旋。

水轮机和发电机轴线不正也会引起振动和摆动。机组轴线在安装时要进行测量调整,其摆度值通常都能处理在规定的范围内,运行中可以经常测量。因此,轴线不正一般不会引起大的振动。

导轴承缺陷主要指导轴承松动、刚性不足、间隙过大或过小及润滑条件不好,它会引起横向振动力。

(二)电磁振动

由电磁因素引起的振动,有转子磁极线圈的匝间短路、转子和定子的空气间隙不均匀以及磁极极性不对等。发电机的这些缺陷会使空气间隙内磁通密度的分布不对称,由此产生所谓的单边磁拉力,从而引起机组的振动。

(三)水力振动

引起水力振动的因素有水力不平衡、尾水管中水流不稳定、卡列涡列及空腔空蚀等。一般而言,水力机组的振动主要是水力振动。

(1)水力不平衡。

当进入转轮的水流失去轴对称时,则会出现不平衡的径向力,造成转轮振动。造成水力不平衡的因素通常有:蜗壳形状不对,不能保证轴对称;导叶开度不均匀,引起流入转轮水流不对称和转轮压力分布不均匀;转轮止漏环不均匀,造成压力脉动,产生横向振动等。

(2)尾水管中水流不稳定。

尾水管内的压力脉动引起机组某些部件振动的情况较普遍,这种压力脉动除引起尾水管本身过大的振动外,还可引起压力钢管的振动、顶盖和推力轴承的垂直振动、出力波动等。由于在非设计工况下运行,水流在尾水管进口旋转,在尾水管中出现涡带,涡带在低负荷时呈螺旋状,涡带一方面本身在旋转,另一方面又随旋转水流运动,这样使尾水管中水流发生周期性变化,引起压力脉动和振动。涡带引起的压力脉动值,可达水头的3%~15%。因为涡带是由于转轮出口水流速度 v 具有圆周分量所引起的,故压力脉动的频率与机组转速有关,涡带压力脉动频率属于几个赫兹以内的低频脉动。这种压力脉动引起顶盖和上机架的垂直振动最为明显,而主轴可能呈现不规则的摆动。

（3）卡门涡列。

当水流绕流叶片,由出口边流出时,便会在出口边产生涡列,旋涡交替出现形成对叶片侧向的交变力,并形成有规则的周期性振动,其振动频率与叶片出口边的厚度及流速有一定的关系,当冲击频率与叶片自振频率相同时便产生共振。

由涡列引起的振动,只有在一定水头和开度时才能发生。对水轮机叶片而言,它的自振频率一定,只有当涡列频率与自振频率相同时才会产生强烈振动,它可使叶片根部以及轮缘产生裂纹并伴有噪声。

（4）空腔空蚀。

在偏离设计工况下运行,往往发生空腔空蚀而产生振动,其特点是垂直振幅较大并伴有噪声。垂直振动的危害比横向振动的危害更大,这主要是空腔空蚀造成空蚀共振所致。

此外,引起水力振动的因素还有压力水管的振动、轴流式桨叶间隙射流引起的振动、转桨式水轮机非最优协联关系引起的振动等。

四、消除振动的措施

水力机组由许多部件组成,若有一个或几个部件工作不正常,都可能引起机组振动。

机组振动是各方面缺陷的集中表现。当振幅超过允许范围时,必须设法降低,而降低振动值的关键在于找出振源,然后根据不同情况,采取相应措施。

寻找振源的困难在于水力机组由许多部件组成,而且振动与机械、电气、水力多种因素密切相关。要在诸多因素中找出一两个主要原因,往往很困难。因此,要进行多方面调查研究,了解振动的各种表现,并进行一系列试验研究和分析。水轮机的振动通常是有规律的,其规律性一般表现在振幅和频率的变化上。寻找振源可从以下几方面着手。

（一）现场的调查

现场调查的内容大致为:

（1）振动时的各种现象,如在什么情况下、什么部位振动最厉害,振动时有何异常现象、有何声响等。

（2）进行必要的检查,如机架、轴承、转轮、尾管壁、各部件连接有无异常情况,止漏环间隙、转轮室间隙、发电机气隙、摆度等是否符合标准,以及机组和电站的有关参数等。

（3）确定振动机组有关部件的自振频率,如导叶、转轮叶片、轴、机架等部件的自振频率。

（二）进行振动试验

试验的目的在于找出振动规律与运行参数的关系,并测出振幅和振动频率,从而查明振动原因。试验项目一般有:

（1）励磁电流试验。它是区别机械振动和电磁振动的主要方法。由电磁原因引起的振动,其特点是振幅随励磁电流增加而增加。

(2)转速试验。由于转子质量分布不均匀、轴线不正等引起的机械振动,都与转速有关,其转速增加,振幅也随着增加。

(3)负荷试验。负荷试验是判断振动是否由水力因素引起的重要试验。一般来说,如果振动与负荷变化有关,则振动是由水力因素引起的;机组作调相运行时振动消失,则振动也是由水力因素引起的。引起水力振动的因素很多,要判明具体原因,则必须根据振动特性(如振动频率、振幅、振动部位)与负荷的关系及其他所观察到的现象,进行分析研究。

另外,还可以进行轴承润滑油膜试验。油膜不稳定或被破坏引起的振动特征,是振动发生较突然和强烈,振动波形混乱以及机组抖动声音不正常等。

总之,通过现场调查、振动试验及综合分析,通常情况下是可以查明振动原因的,然后根据不同情况采取不同的措施消除或减缓振动。当振因不明时,则应尽量避开振动区域运行。对于水力因素引起的振动,通常可以采取下列方法处理:

(1)调整止漏环间隙。高水头水轮机止漏环间隙过小,要适当加大;止漏环偏心,要进行处理。

(2)轴心孔和尾水管补气。当下游水位较高,自动补气困难时,要强迫补气。

(3)加支撑消振。即在叶片出口边之间加焊支撑,对抑制涡列引起的叶片振动有一定效果。

(4)设置导流栅。即在尾水管直锥段内装设导流栅,以减小出力摆动和压力脉动。

参考文献

[1] 袁俊森.水电站[M].郑州:黄河水利出版社,2010.

[2] 王永年.小型水电站[M].北京:水利电力出版社,1989.

[3] 田树棠.贯流式水轮发电机组实用技术[M].北京:中国水利水电出版社,2010.

[4] 王蕴莹.水轮机.[M].北京:中国水利水电出版社,1993.

[5] 刘国选.灯泡贯流式水轮发电机组运行与检修[M].北京:中国水利水电出版社,2006.

[6] 张诚,陈国庆.水轮发电机机组检修[M].北京:中国电力出版社,2012.

[7] 汪俊,蔡燕生.水力机组安装与检修[M].北京:中国电力出版社,2011.

[8] 谷欣,水力学解题指导[M].郑州:黄河水利出版社,2012.

[9] 陈锡芳.水轮发电机结构运行监测与维修[M].北京:中国水利水电出版社,2008.

[10] 于兰阶.水轮发电机组的安装与检修[M].北京:中国水利电力出版社,1994.

[11] 孙丽君.工程流体力学[M].北京:中国电力出版社,2007.